Alfredo Baginski · Martin Müller
INTERBUS-S

Dr. Wolfgang Teich

Alfredo Baginski · Martin Müller

INTERBUS-S

Grundlagen und Praxis

Hüthig Buch Verlag Heidelberg

Alfredo Baginski, Jahrgang 1960, studierte an der Gesamthochschule Paderborn Elektrotechnik. Seit 1987 ist er bei Phoenix Contact GmbH & Co. in Blomberg tätig als Leiter der Abteilung Applikation/Support.

Martin Müller, Jahrgang 1962, studierte an der Fachhochschule Hannover Informationstechnik. Seit 1988 ist er bei der Phoenix Contact GmbH & Co. in Blomberg tätig als Leiter des **INTERBUS-S** Support-Center.

Die Deutsche Bibliothek – CIP-Einheitsaufnahme

Baginski, Alfredo:
Interbus-S: Grundlagen und Praxis / Alfredo Baginski ; Martin Müller. – Heidelberg : Hüthig, 1994
ISBN 3-7785-2293-0
NE: Müller, Martin:

Diejenigen Bezeichnungen von im Buch genannten Erzeugnissen, die zugleich eingetragene Warenzeichen sind, wurden nicht besonders kenntlich gemacht. Es kann also aus dem Fehlen der Markierung ® nicht geschlossen werden, daß die Bezeichnung ein freier Warenname ist. Ebensowenig ist zu entnehmen, ob Patente oder Gebrauchsmusterschutz vorliegen.

Das Werk ist urheberrechtlich geschützt. Die dadurch begründeten Rechte, insbesondere die der Übersetzung, des Nachdruckes, der Entnahme von Abbildungen, der Funksendung, der Wiedergabe auf photomechanischem oder ähnlichem Wege und der Speicherung in Datenverarbeitungsanlagen bleiben, auch bei nur auszugsweiser Verwertung, vorbehalten. Bei Vervielfältigungen für gewerbliche Zwecke ist gemäß § 54 UrhG eine Vergütung an den Verlag zu zahlen, deren Höhe mit dem Verlag zu vereinbaren ist.

© 1994 Hüthig Buch Verlag GmbH, Heidelberg
Druck: Druckerei Laub, Elztal-Dallau
Buchbinderische Verarbeitung: IVB, Heppenheim
Printed in Germany

Vorwort

Durch den ständig wachsenden Grad der Automatisierung von Maschinen und Anlagen werden immer mehr Sensoren / Aktoren eingesetzt, um die Produktion zu steuern und die Qualität der Produkte überwachen zu können. Die heutige Parallelverkabelung steckt hierbei durch die kostenintensive Installation und Wartung in einer Sackgasse. Zentnerschwere Kabelbäume und viele Zwischenklemmstellen stehen dem flexiblen Anlagenaufbau im Wege. Aus diesen Gründen wird der Einsatz von seriellen Übertragungssystemen immer wichtiger.

Eine ganze Reihe von industriellen Bussystemen ist angetreten, die Parallelverkabelung abzulösen und die Sensorik / Aktorik mit der überlagerten Steuerung zu vernetzen. Vom Universalsystem, das komplexe Steuerungen miteinander reden lassen kann und gleichzeitig die einfachen E/A-Teilnehmer miteinander vernetzt, bis hin zum High-Speed Spezialsystem ist nahezu alles vertreten. Jedes System ist auf seine Weise für bestimmte Aufgaben besonders geeignet.

INTERBUS-S ist ein Sensor-/Aktorbussystem, das seit 1987 am Markt verfügbar und bereits von mehreren hundert Herstellern in deren Geräte integriert ist. Durch die Umsetzung der Anwenderforderungen in Produkte hat sich INTERBUS-S als Industriestandard zur Vernetzung von Sensoren und Aktoren durchgesetzt.

Nachdem Geräte aller wichtigen Gerätegruppen mit einem INTERBUS-S-Interface ausgerüstet, und in mehreren zehntausend Applikationen weltweit eingesetzt wurden, wurde INTERBUS-S unter starker Beteiligung der Anwender in die Normungsgremien eingebracht. Ziel dieser Normungsaktivitäten ist es, INTERBUS-S als internationale IEC-Norm im Bereich Sensor-/Aktorbus festzuschreiben. National ist das INTERBUS-S-Protokoll im Normentwurf DIN 19 258 festgelegt.

INTERBUS-S ist als Bussystem entwickelt worden, um sowohl einfache Sensoren und Aktoren mit der überlagerten Steuerung zu vernetzen, als auch Parametrierungsinformationen für intelligente Geräte zu übertragen.

Der Anschluß von einfachen E/A-Geräten (Temperaturfühler, Ventilinseln, Lichtschranken usw.) ist nur sinnvoll, wenn die Kosten für den Busanschluß das Gerät nicht unnötig verteuern. Deshalb ist es unbedingt erforderlich, ein möglichst einfaches Businterface zu haben. Das bei INTERBUS-S verwendete Summenrahmenprotokoll bietet die Möglichkeit, das Businterface in Form einer Schieberegisterstruktur zu implementieren. Dadurch können auch einfache Geräte ohne großen Aufwand, bei niedrigen Hardwarekosten, mit einer INTERBUS-S-Schnittstelle ausgerüstet werden.

Das vorliegende Buch gibt einen Überblick über verschiedene Protokollarten, die in der Sensor-/Aktorebene Verwendung finden, und liefert eine detaillierte Beschreibung des INTERBUS-S-Systems. Besonders wird auf das INTERBUS-S-Übertragungsprotokoll, den Systemaufbau, die Anwenderschnittstelle (Schicht 7) sowie die Systemdiagnose eingegangen.

Unser Dank gilt an dieser Stelle all denen, die bei der Beschaffung von Informationen und Material behilflich waren. Insbesondere bedanken wir uns herzlich bei Dipl.-Ing. Jürgen Jasperneite und Dipl.-Ing. Karl Beine für intensives Korrekturlesen und die konstruktive Kritik. Ohne ihren engagierten Einsatz hätte dieses Buch nicht geschrieben werden können.

Blomberg, im März 1994 *Alfredo Baginski, Martin Müller*

Inhaltsverzeichnis

Vorwort 5

1   **Serielle Datenübertragungsprotokolle** 11

      1.1   Nachrichtenorientierte Übertragungsverfahren 16
      1.2   E/A-orientierte Übertragungsverfahren 19
      1.3   Effizienzbetrachtung 21

2   **Das INTERBUS-S-Übertragungsverfahren** 27

      2.1   Aufbau eines INTERBUS-S-Teilnehmers 28
      2.2   Der Identifikationscode 30
      2.3   Die Steuerdaten 35
      2.4   Der Identifikationszyklus 36
      2.5   Der Datenzyklus 39
      2.6   Die Signale des INTERBUS-S-Protokolls 42
      2.7   Der Protokollablauf 44
      2.8   Datensicherheit 54
      2.8.1   Überprüfung des SL-Signals 56
      2.8.2   Der Loopbackwort-Check 57
      2.8.3   Der CR-Check 58
      2.9   Reset des Systems 63
      2.10   INTERBUS-S-Übertragungszeiten 64

3   **Das hybride Datenzugriffsverfahren des INTERBUS-S** 68

      3.1   Die Struktur des INTERBUS-S-Systems 71
      3.1.1   INTERBUS-S im ISO/OSI-Kommunikationsmodell 71
      3.1.2   Der Prozeßdatenkanal 74
      3.1.3   Der Parameterdatenkanal 75
      3.1.4   Das Netzwerkmanagement 75
      3.2   Die Elemente des Peripherals Communication Protocol (PCP) 76

3.2.1	Das Application Layer Interface (ALI)	77
3.2.2	Modell der virtuellen Feldgeräte (VFD)	78
3.2.3	Peripherals Message Specification (PMS)	80
3.2.4	Peripherals Data Link (PDL)	82
3.3	Die Arbeitsweise des Parameterdatenkanals	84
3.3.1	Das Client-Server-Modell	84
3.3.2	Die PCP-Dienstprimitiven	87
3.3.3	Bestätigte und unbestätigte Dienste	88
3.3.4	Parallele Dienste	88
3.3.5	Gegenseitige Dienste	89
3.3.6	Arten von Kommunikationsbeziehungen	90
3.3.7	Die Kommunikationsreferenz	91
3.3.8	Zugriffssicherungen	93
3.4	Objekte beim INTERBUS-S	94
3.4.1	Statische Kommunikationsobjekte	95
3.4.2	Das INTERBUS-S-Objektverzeichnis	96
3.4.3	Aufbau des Objektverzeichnisses	97
3.4.3.1	Das statische Datentyp- und Datenstrukturverzeichnis	98
3.4.3.2	Das statische Objektverzeichnis	99
3.4.3.3	Das Variablenlisten-Verzeichnis	101
3.4.3.4	Das Program-Invocation-Verzeichnis	101
3.4.3.5	Der OV-Header	102
3.5	Die Kommunikationsbeziehungsliste (KBL)	105
3.5.1	Der KBL-Header	106
3.5.2	Die KBL-Einträge	107
3.6	PMS-Dienste	113
3.6.1	Die Parameter der PMS-Dienste	115
3.6.2	VFD Support-Dienste	117
3.6.2.1	Status	118
3.6.2.2	Identify	119
3.6.3	Program-Invocation	121
3.6.3.1	Start	121
3.6.3.2	Stop	124
3.6.3.3	Resume	126
3.6.3.4	Reset	128
3.6.4	Variable-Access	130
3.6.4.1	Read	131
3.6.4.2	Write	133
3.6.4.3	Information Report	134
3.6.5	Context Management Dienste	136
3.6.5.1	Initiate	138
3.6.5.2	Abort	143
3.6.5.3	Reject	144

	3.6.5.4	Get-OV	145
	3.7	Das PNM7-Management	149
	3.8	Übertragungszeit eines PCP-Dienstes	152

4 Der INTERBUS-S-Systemaufbau 158

4.1	Die INTERBUS-S-Topologie	160
4.2	Die INTERBUS-S-Systemeckdaten	162

5 Die INTERBUS-S-Systemdiagnose 170

5.1	Diagnoseanzeige der Anschaltbaugruppen	171
5.2	Diagnoseanzeige der INTERBUS-S-Geräte	175
5.3	Bestimmung des Fehlerortes	177
5.4	Diagnosesoftware	184

6 Die Realisierung eines INTERBUS-S-Interface 186

Literaturverzeichnis 188

Stichwortverzeichnis 190

1 Serielle Datenübertragungsprotokolle

In der industriellen Automatisierungstechnik müssen viele E/A-Signale von den Sensoren und Aktoren zu überlagerten Steuerungen und Rechnern übertragen werden. Bei der parallelen Verdrahtung dieser Signale müssen sehr viele Signalleitungen verlegt werden. Dieses Verfahren ist bei der Installation und vor allen Dingen bei der Wartung und Fehlersuche sehr aufwendig und kostenintensiv. Deshalb wird nach Alternativen gesucht, viele Signale über möglichst wenige Leitungen zu übertragen. Die serielle Datenübertragung bietet hier eine Lösung, da viele Teilnehmer über wenige Datenleitungen miteinander kommunizieren.

In der Kommunikationshierarchie einer Fabrik wird die Ebene, in der die Sensoren und Aktoren mit der überlagerten Steuerung vernetzt werden, als Feld- oder Sensor-/Aktorebene bezeichnet. Die Bussysteme, die in dieser Ebene eingesetzt werden, werden deshalb als Feld- oder Sensor-/Aktorbussysteme bezeichnet. An die Bussysteme, die in diesem Bereich eingesetzt werden, werden folgende Anforderungen gestellt:

- Die Datenintegrität muß jederzeit gewährleistet sein, d.h. bei äußeren Störungen auf das Übertragungsmedium müssen Übertragungsfehler sicher erkannt werden. Fehlerhaft übertragene Daten dürfen nicht übernommen werden.

- Die Netzwerkdiagnose sollte so ausgebildet sein, daß im Fehlerfall die Fehlerursache und der Fehlerort automatisch bestimmt und dem Anwender in einer verständlichen Form angezeigt werden.

- Das Bussystem muß auch unter schwierigsten EMV-Umgebungsbedingungen einsetzbar sein. So sollten z. B. beim Einsatz in direkter Nähe von Schweißgeräten keine besonderen Schutzmaßnahmen getroffen werden müssen.

- Die Kosten für einen Busanschluß müssen deutlich unter dem Preis des gesamten Gerätes liegen.

- Hinsichtlich der Anzahl anzuschließender Busteilnehmer dürfen keine besonderen Restriktionen vorhanden sein.

- Möglichst alle am Markt befindlichen Feldgeräte sollten an das Bussystem anschließbar sein. Deshalb muß das verwendete Busprotokoll offen und für jeden Gerätehersteller zugänglich sein.

Bei der seriellen Datenübertragung kommunizieren mehrere Busteilnehmer über ein gemeinsames Übertragungsmedium. Damit hierbei jeder die Möglichkeit bekommt, seine Daten zu versenden und zu empfangen, sind Vereinbarungen notwendig, die den Zugriff auf das Übertragungsmedium reglementieren. Bei der seriellen Datenübertragung werden im Bereich der Sensor-/Aktorebene die unterschiedlichsten Buszugriffsverfahren, wie Master/Slave, CSMA/CD, Token Passing usw. eingesetzt.

Die unterschiedlichen Buszugriffsverfahren benutzen im wesentlichen das

- nachrichtenorientierte oder
- das E/A-orientierte

Übertragungsverfahren. Bei den nachrichtenorientierten Übertragungsverfahren gibt es eine Vielzahl von unterschiedlichen Übertragungsprotokollen und Schnittstellenimplementierungen. Beide Übertragungsverfahren werden nachfolgend näher erläutert und miteinander verglichen.

Auch die einfachsten Sensoren und Aktoren kommunizieren heute mit Hilfe dieser Übertragungsverfahren mit der überlagerten Steuerung. Die Busteilnehmer werden dabei über ein gemeinsames Übertragungsmedium, z. B. eine Zwei-Draht-Leitung, miteinander verbunden. Dadurch wird der Verkabelungsaufwand erheblich reduziert, und Anlagenerweiterungen sind sehr einfach möglich. Neue Anlagenteile werden dann in die bestehende Verkabelung integriert, indem die vorhandene Busleitung aufgetrennt und der neue Anlagenteil zwischen den beiden Trennstellen angeschlossen wird. Es müssen keine neuen, zusätzlichen Kabel verlegt werden, da die Signale des neuen Anlagenteils mit über bereits das vorhandene Übertragungsmedium übertragen werden.

1.1 Nachrichtenorientierte Übertragungsverfahren

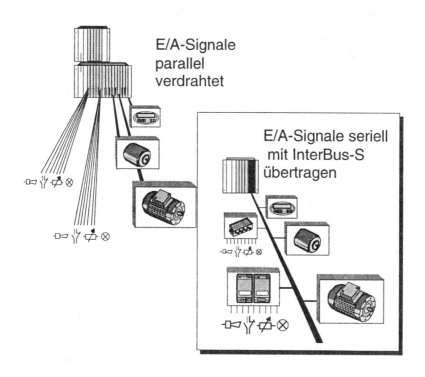

Bild 1-1: Von der Parallelverkabelung zur Vernetzung mit INTERBUS-S

Bei der Parallelverkabelung sind alle Sensoren und Aktoren über eigene Leitungen an das überlagerte Steuerungssystem, z. B. eine SPS (Speicher-Programmierbare Steuerung), angeschlossen. Über parallele E/A-Karten werden die Daten aller Sensoren und Aktoren eingelesen und ausgegeben. Das zyklische Steuerungsprogramm führt Verknüpfungen mit diesen Daten durch, und steuert so Maschinen und Anlagen. Hierzu wird am Anfang des SPS-Zyklus das Prozeßabbild der Eingänge eingelesen, danach werden die Verknüpfungen vorgenommen und am Ende des SPS-Zyklus werden die Ausgangsdaten ausgegeben. Die Eingangsdaten stehen praktisch ohne Verzögerung dem Steuerungsprogramm zur Verfügung, da die Zugriffszeit über den internen Datenbus der Steuerung vernachlässigt werden kann. Auch die Ausgangsdaten werden praktisch ohne Verzögerung ausgegeben. Verzögerungszeiten entstehen hauptsächlich durch die Hardware der E/A-Karten.

Soll die Parallelverkabelung durch ein Bussystem ersetzt werden, muß der prinzipielle Ablauf des zyklischen Einlesens und Ausgebens der Daten bestehen bleiben. Die Daten müssen dann ebenfalls der SPS gesammelt im Prozeßabbild zur Verfügung gestellt werden. Hierzu wird eine intelligente Anschaltkarte benutzt, die selbständig die Daten aller Geräte über das Bussystem einliest und ausgibt. Die Anschaltkarte belegt entsprechend der Anzahl der angeschlossenen Geräte Adressen im Prozeßabbild der SPS. Für die SPS sieht in diesem Fall das Bussystem aus wie eine entsprechend große Anzahl gesteckter E/A-Karten.

Bei der Vernetzung der Geräte über ein Bussystem kommt zur Verzögerungszeit der E/A-Geräte noch die Zeit hinzu, die zum Übertragen der Daten über das Bussystem benötigt wird. Neben der reinen Busübertragungszeit müssen häufig noch Softwarelaufzeiten in den einzelnen Busteilnehmern berücksichtigt werden. Die durch das Bussystem hervorgerufenen Verzögerungszeiten dürfen natürlich nicht zu Restriktionen in der Praxis führen.

Für das zyklische Einlesen und Ausgeben der E/A-Daten aller angeschlossenen Geräte eignet sich im Bereich der Sensorik/Aktorik besonders das Master-Slave-Verfahren. Bei diesem Verfahren kontrolliert ein Teilnehmer, der Busmaster (Anschaltbaugruppe) genannt wird, die Kommunikation mit den angeschlossenen Slaves (Geräte). Die Slaves dürfen nur nach Aufforderung durch den Busmaster antworten. Damit wird vermieden, daß zwei Busteilnehmer gleichzeitig auf das Übertragungsmedium zugreifen und so gegenseitig die zu sendenden Daten zerstören. Das Master-Slave-Verfahren ist einfach zu handhaben und zu programmieren, da die Zugriffsrechte auf das Übertragungsmedium klar definiert sind.

Die Zeit, in der die Daten aller angeschlossenen Teilnehmer eingelesen bzw. ausgegeben werden, wird als Zykluszeit bezeichnet. Die Zykluszeit ist in jedem Bussystem abhängig von der Anzahl der angeschlossenen Teilnehmer, der Datenmenge, der Bearbeitungszeit der einzelnen Teilnehmer, der Übertragungsgeschwindigkeit und der Ausdehnung des Systems.

Die SPS hat für ihr Applikationsprogramm ebenfalls eine bestimmte Zykluszeit, die von der Leistungsfähigkeit der CPU und der Anzahl der Programmbefehle abhängt. Im Normalfall sind die Zyklen der Steuerung und des Bussystems voneinander unabhängig und asynchron zueinander.

1.1 Nachrichtenorientierte Übertragungsverfahren

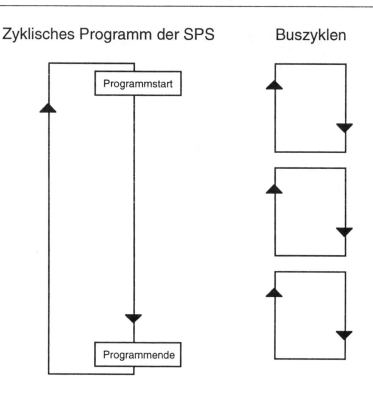

Bild 1-2: SPS-Programmzyklus und Buszyklen

Bezogen auf die Zykluszeit des Steuerungsprogramms muß die Zykluszeit des Bussystems möglichst klein sein. Nur so kann gewährleistet werden, daß Übertragungsfehler keine negativen Auswirkungen haben, da während eines SPS-Zyklus genügend Buszyklen gefahren werden. Treten Übertragungsfehler auf, so werden die fehlerhaft übertragenen Werte von der Anschaltbaugruppe und den betroffenen Geräten verworfen, und der nächste Buszyklus wird gestartet. Liegt die Buszykluszeit in ähnlicher Größenordnung wie die SPS-Zykluszeit, so arbeitet die SPS bei Busfehlern u. U. mehrere Programmzyklen mit "alten" Daten, da diese in der Zwischenzeit nicht aktualisiert wurden.

1.1 Nachrichtenorientierte Übertragungsverfahren

Nachrichtenorientierte Übertragungsverfahren dienen der Übermittlung großer Datenblöcke in einer logischen Punkt-zu-Punkt-Verbindung. Die Datenblöcke werden auch als Nachrichten oder Telegramme bezeichnet. Jeder Teilnehmer wird einzeln oder mehrere Teilnehmer werden gleichzeitig von **einem** anderen Teilnehmer angesprochen. Zur Übermittlung werden die Daten in einen Nachrichtenrahmen verpackt, der im allgemeinen aus Anfangskennung, Adresse, Steuerinformation, Daten, Datensicherungsinformation (CRC, Cyclic Redundancy Check) und einer Endekennung besteht.

| Start | Adresse | Steuer | Daten | CRC | Ende |

Bild 1-3: Prinzipieller Telegrammaufbau bei nachrichtenorientierten Übertragungsverfahren

Mit Hilfe der Rahmeninformationen kann jeder Teilnehmer erkennen, wann ein Telegramm beginnt und endet (Start/Stop-Kennung), ob das Telegramm für ihn selber bestimmt ist (Adresse) und welche Bedeutung die empfangenen Daten haben (Steuerinformation). Mit Hilfe der CRC-Daten wird überprüft, ob das Telegramm korrekt übertragen wurde. Dies ist ein Teil der Datensicherung.

Werden die Telegramme über eine Zwei-Draht-Leitung übertragen, so kann immer nur ein Busteilnehmer zu einer Zeit sein Telegramm über das Übertragungsmedium senden. Daher müssen bestimmte Regeln eingehalten werden, um Zugriffskonflikte zu erkennen, oder zu verhindern.

Bei einigen Bussystemen werden alle Busteilnehmer gleich behandelt, d. h. es gibt keine Kontrolle über die Zugriffszeitpunkte der einzelnen Teilnehmer (z. B. CAN und Ethernet). Deshalb müssen bei diesen Bussystemen Zugriffskonflikte sicher erkannt und gelöst werden. Um diese Zugriffskonflikte zu erkennen, wird das CSMA/CD (Carrier Sense Multiple Access with Collision Detection) Verfahren eingesetzt. Hierbei überprüft jeder Teilnehmer vor dem Senden seines Telegramms, ob das Übertragungsmedium frei ist (Carrier Sense). Ist keine Aktivität

1.1 Nachrichtenorientierte Übertragungsverfahren

auf dem Übertragungsmedium, so beginnt der Teilnehmer seine Nachricht zu senden. Dabei kann es passieren, daß zur gleichen Zeit ein anderer Teilnehmer mit dem Senden seiner Nachricht begonnen hat (Multiple Access). Dies wird dadurch erkannt, daß jeder Teilnehmer während des Sendens den Bus überwacht, und kontrolliert, ob er die Daten, die er gesendet hat, auch wieder empfängt. Sind die ausgesendeten Daten verfälscht, so liegt ein Zugriffskonflikt vor und die Datenübertragung wird abgebrochen (Collision Detection). Nach einer bestimmten Wartezeit wird wieder versucht, die Nachricht zu senden. Da bei allen Teilnehmern unterschiedliche Wartezeiten eingestellt sind, werden dauerhafte Kollisionen vermieden.

Im CSMA/CD-System ist nicht vorhersagbar, wann ein Teilnehmer seine Nachricht absetzen kann, deshalb sind diese Systeme nur bedingt in der Sensorik/Aktorik einsetzbar.

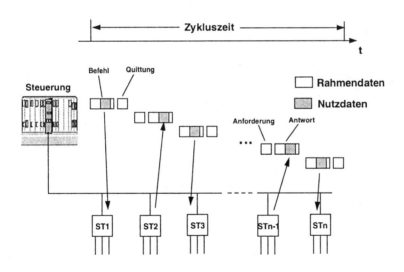

Bild 1-4: Nachrichtenorientiertes Übertragungsverfahren

Im Master/Slave System dürfen die Slaveteilnehmer nur nach Aufforderung durch den Master auf den Bus zugreifen. Außerdem muß jede Nachricht quittiert werden, d.h. wenn der Master einem Teilnehmer eine Nachricht schickt, bestätigt dieser im Regelfall den Empfang der Nachricht (Ausnahme die sog. Unconfirmed Services). Es können keine Zugriffskonflikte auftreten, da nur der Master von sich aus Nachrichten senden darf. Die Slaves müssen auf die Aufforderung durch den Master warten. Bei nachrichtenorientierten Systemen wird häufig die Busstruktur verwendet, bei der alle Teilnehmer parallel an das Übertragungsmedium angeschlossen sind. Nachrichten, die vom Master ausgesendet werden, erreichen daher alle Slaves. Die Slaves erkennen durch einen Vergleich der Adresse in der Nachricht mit ihrer eigenen Adresse, ob sie selbst angesprochen werden, und reagieren, wenn dies der Fall ist.

Damit der Master ein komplettes Prozeßabbild bekommt, muß er nacheinander die einzelnen Slaves ansprechen und die Eingangsinformationen mit einem Lesebefehl lesen bzw. die Ausgangsinformationen durch einen Schreibbefehl schreiben. Für jeden Slaveteilnehmer ergibt sich somit eine bestimmte Antwortzeit, die der Zeit entspricht, die benötigt wird, um die Nachricht vom Master zum Slave und wieder zurück zu übertragen. Diese Zeit hängt von der Schnelligkeit des Slaves, der Menge der übertragenen Daten und von der verwendeten Übertragungsrate ab. Die Zykluszeit ist die Summe der einzelnen Antwortzeiten.

Sollen Daten von einem Eingangsmodul gelesen werden, so schickt der Master einen Dienst an den Slave, mit dem dieser aufgefordert wird, die Daten an den Master zu schicken. Die Aufforderung zum Senden der Daten enthält keine Nutzdaten. Die Antwort mit den Nutzdaten ist in Rahmendaten eingepackt. Um die Eingangsdaten zu lesen, müssen die Daten selber, das Aufforderungstelegramm und die Rahmendaten übertragen werden.

In der Sensor-/Aktorebene müssen z. B. an einer Transferstraße viele einzelne Geräte mit der überlagerten Steuerung vernetzt werden. Diese Geräte haben oft eine feste Datenmenge von wenigen Bits oder einigen Bytes, die zyklisch mit der Steuerung ausgetauscht werden müssen. Ein Beispiel hierfür sind Ventilinseln, die je nach Ausbaustufe zwischen 4 und 64 Bit E/A-Informationen haben. Die Menge der Daten ist durch die Bestückung der Ventilinsel vorgegeben und ändert sich während des Betriebes nicht. Die Telegramme, die mit dieser Ventilinsel ausgetauscht werden, um die Ventile zu schalten, sind also immer gleich lang. Sind z. B. 16 Bit zum Schalten der Ventile notwendig, so ist die Summe der Bits für Anfangs- und Endekennung, Adresse, Steuer- und Datensicherungsinformation beim nachrichtenorientierten Übertragungsverfahren ein Vielfaches der zu übertragenden Nutzdaten.

Nachrichtenorientierte Übertragungsprotokolle sind gut geeignet, große und unterschiedliche Datenmengen zwischen komplexen Systemen zu übertragen. Die Vernetzung von Steuerungen untereinander, oder die Vernetzung von

Steuerungen mit den überlagerten Zellrechnern wird mit nachrichtenorientierten Übertragungsprotokollen abgewickelt. Bei den dann zu übertragenden Datenmengen (bis zu einigen 1000 Byte) spielen die Rahmeninformationen kaum eine Rolle.

1.2 E/A-orientierte Übertragungsverfahren

In der Sensor-/Aktorebene stehen bei der Vernetzung der Geräte der kostengünstige Busanschluß an die oft nur wenige hundert Mark kostenden Geräte, die schnelle zeitäquidistante Datenübertragung sowie das gleichzeitige Schreiben und Lesen aller Teilnehmer im Vordergrund. Um dieses zu erreichen, werden andere Übertragungsverfahren als nachrichtenorientierte Systeme benötigt. E/A-orientierte Übertragungsprotokolle sind deshalb besonders auf die Belange der Geräte in dieser Ebene (E/A-Ebene) zugeschnitten. Ein E/A-orientiertes Übertragungsverfahren ist z. B. das bei INTERBUS-S verwendete Summenrahmenprotokoll.

Beim E/A-orientierten Übertragungsverfahren werden alle Sensoren und Aktoren in einem Telegrammrahmen angesprochen. Dieser Telegrammrahmen wird auch Summenrahmen genannt. Für die Daten aller Teilnehmer gibt es die Rahmendaten nur einmal. Diese bestehen aus einer Anfangskennung, dem Loopcheck, sowie den Datensicherungs- und Endinformationen. Das Verhältnis von Nutzdaten zu Rahmendaten wird beim E/A-orientierten Übertragungsverfahren immer besser, je mehr Teilnehmer angeschlossen, und damit Nutzdaten im Summenrahmen vorhanden sind.

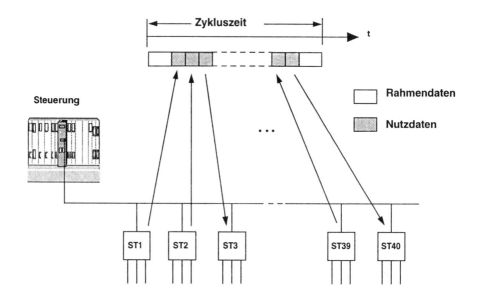

Bild 1-5: E/A-orientiertes Übertragungsverfahren (Summenrahmenprotokoll)

Im gesamten System gibt es beim Summenrahmenprotokoll nur ein Telegramm, das zyklisch übertragen wird. Für den Master sind quasi alle Teilnehmer mit ihren Daten zu einem einzigen "logischen" Teilnehmer zusammengefaßt.

Bild 1-6: Telegrammaufbau Summenrahmenprotokoll

Die Daten innerhalb des Summenrahmenprotokolls sind lediglich durch ihre physikalische Lage im Protokoll eindeutig einem Teilnehmer zugeordnet. Dadurch wird weder Adreß- noch Controlinformation benötigt und das Busmanagement vereinfacht. Die einzelnen Teilnehmer haben immer eine feste

Datenlänge, die sich während des Betriebes nicht ändert. Für die Sensor-/Aktorebene ist dieses Verfahren bestens geeignet, da typische Geräte der Sensor-/Aktorebene immer feste Datenlängen haben. So hat z. B. ein Winkelcodierer immer eine feste Datenlänge von z. B. 24 Bit und ändert diese Datenbreite nicht. Da die einzelnen Teilnehmer immer eine feste Anzahl Bits im Summenrahmenprotokoll belegen, ist dieses Telegramm für ein bestehendes System immer gleich lang. Durch die konstante Länge des Telegramms ergeben sich konstante Übertragungszeiten. Mit Hilfe des Summenrahmentelegramms kann so eine zeitäquidistante Abtastung aller Teilnehmer garantiert werden.

1.3 Effizienzbetrachtung

Bei der Untersuchung unterschiedlicher Übertragungsprotokolle auf Eignung für bestimmte Aufgaben spielt die Protokolleffizienz eine entscheidende Rolle. Die Effizienz eines Übertragungsprotokolls ist der Quotient aus Nutzdaten zur Summe der gesamt übertragenen Daten.

$$\text{Effizienz} = \frac{\text{Nutzdaten}}{\text{Summe der übertragenen Daten}}$$

Summe der übertragenen Daten = Nutzdaten + Rahmendaten

Die Effizienz gibt an, wieviel Prozent der gesamt übertragenen Daten Nutzdaten sind, sie ist also zu betrachten wie z. B. der Wirkungsgrad bei elektrischen Maschinen.

In einem Applikationsprogramm werden nur die Nutzdaten benötigt, mit denen eine Anlage gesteuert wird. Die Rahmendaten sind nur zur Übertragung dieser Nutzdaten notwendig und haben keinen Einfluß auf den Betrieb einer Anlage.

Das folgende Beispiel zeigt, wie wichtig eine gute Effizienz von Übertragungsprotokollen in der Sensor-/Aktorebene ist. Betrachtet man typische Sensor-/Aktorsysteme, so stellt man fest, daß ein großer Teil der Geräte feste Datenlängen von wenigen Byte liefert oder bekommen. Für Winkelcodierer sind dies z. B. 24 Bit für den Drehwinkel.

Durch die immer stärker geforderte Dezentralisierung von Anlagen werden immer mehr E/A-Stationen eingesetzt, in denen die Anzahl von Sensoren und Aktoren zurückgeht. Von Übertragungsprotokollen für die unterste Sensor-/Aktorebene wird heute sogar erwartet, daß auch 4 Bit Nutzdaten je Teilnehmer effizient übertragen werden. Zur Berechnung der Effizienz des Beispielsystems werden daher folgende Annahmen gemacht:

- Teilnehmerzahl: 32 davon

    20 Teilnehmer nur je 8 Bit Eingangsdaten

    12 Teilnehmer nur je 8 Bit Ausgangsdaten

- Vertreter eines nachrichtenorientierten Protokolls: DIN 19245 Teil 1 (Profibus Teil 1)

- Vertreter eines E/A-orientierten Protokolls: DIN E 19258 (INTERBUS-S)

Beim nachrichtenorientierten Protokoll nach DIN 19245 Teil 1 wird ein Telegramm mit dem Lesekommando zum Teilnehmer geschickt, und dieser sendet in der Antwort die Eingangsinformationen zurück.

Master zum Slave	Rahmen	Command	End			
Slave zum Master				Rahmen	Daten	End

Bild 1-7: Lesen von Daten bei nachrichtenorientierten Übertragungssystemen

1.3 Effizienzbetrachtung

Im Telegramm vom Master zum Slave ist keine Nutzdateninformation enthalten. Deshalb wird dieses Telegramm komplett zu den Rahmendaten dazu gerechnet. Für das Lesen von 8 Datenbits werden beim nachrichtenorientierten Protokoll nach DIN 19245 Teil 1 201 Bit Rahmendaten benötigt.

Zum Schreiben von Daten wird im Telegramm vom Master zum Slave die zu schreibende Information geschickt, und der Slave antwortet auf dieses Telegramm mit einer Quittung. Hier enthält also die Quittung keine Nutzdaten und wird den Rahmendaten zugerechnet.

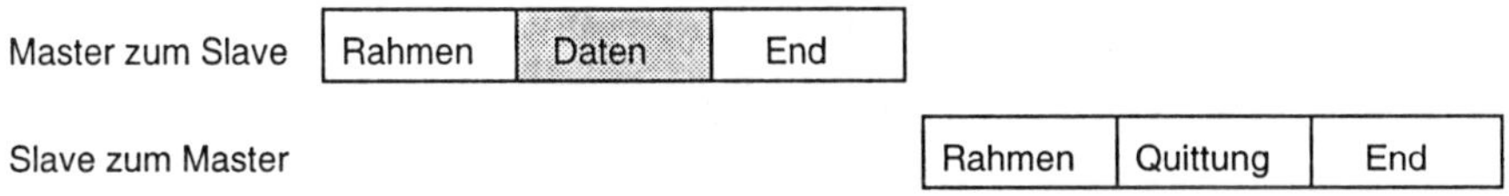

Master zum Slave	Rahmen	Daten	End			
Slave zum Master				Rahmen	Quittung	End

Bild 1-8: Schreiben von Daten bei nachrichtenorientierten Systemen

Zum Schreiben von 8 Datenbits zu einem Teilnehmer werden beim nachrichtenorientierten Protokoll nach DIN 19245 Teil 1 146 Bit Rahmendaten benötigt. Die Effizienz errechnet sich somit aus:

$$\text{Nutzdaten} = 32 \text{ Teilnehmer} * 8 \text{ Bit}$$
$$= \mathbf{256 \text{ Bit}}$$

$$\text{Rahmendaten} = 12 \text{ Teilnehmer} * 146 \text{ Bit} + 20 \text{ Teilnehmer} * 201 \text{ Bit}$$
$$= \mathbf{5772 \text{ Bit}}$$

$$\text{Effizienz} = \frac{256 \text{ Bit}}{256 \text{ Bit} + 5772 \text{ Bit}}$$
$$= 0,04$$
$$\Rightarrow \mathbf{4\%}$$

Das Summenrahmenprotokoll des INTERBUS-S ist in der Lage, in einem Zyklus Daten zu schreiben und Daten zu lesen. Die Rahmendaten werden nur einmal benötigt. Zu den Rahmendaten gehören 16 Bit Loopbackwort und 32 Bit Control und Enddaten. Je 8 Bit Daten werden nochmals 5 Bit Overheadinformation benötigt. Die Effizienz berechnet sich also wie folgt:

$$\text{Nutzdaten} = 32 \text{ Teilnehmer} * 8 \text{ Bit}$$
$$= \mathbf{256 \text{ Bit}}$$

$$\text{Rahmendaten} = 16 \text{ Bit} + 32 \text{ Bit} + 38 * 5 \text{ Bit}$$
$$= \mathbf{238 \text{ Bit}}$$

$$\text{Effizienz} = \frac{256 \text{ Bit}}{256 \text{ Bit} + 238 \text{ Bit}}$$

$$= 0,52$$

$$\Rightarrow \mathbf{52\ \%}$$

Bei der Übertragung der Daten mit INTERBUS-S sind also in diesem Beispiel 52 % der gesamt übertragenen Daten Nutzdaten.

In beiden Fällen sollen **256 Bit Nutzdaten** über das Bussystem übertragen werden. Bei einer Übertragung mit einem nachrichtenorientierten Protokoll nach DIN 19245 Teil 1 müssen insgesamt **6028 Bit** übertragen werden, bei INTERBUS-S lediglich **494 Bit**. Bei gleicher Übertragungsgeschwindigkeit (Taktrate) ergibt sich somit ein reales Übertragungsverhältnis von

1.3 Effizienzbetrachtung

$$\text{reales Übertragungsverhältnis} = \frac{\text{Gesamtdaten DIN 19245 Teil 1}}{\text{Gesamtdaten INTERBUS-S}}$$

$$= \frac{6028}{494}$$

$$\approx \frac{12}{1}$$

Dieses Übertragungsverhältnis zeigt, daß eine 12fach höhere Übertragungsgeschwindigkeit bei DIN 19245 Teil 1 gewählt werden müßte, um die Daten in derselben Zeit wie bei INTERBUS-S zu übertragen. INTERBUS-S überträgt die Daten mit einer Geschwindigkeit von 500 kBit/s, d. h. bei DIN 19245 Teil 1 müßten die Daten mit 6 MBit/s übertragen werden, um die geringe Protokolleffizienz auszugleichen. Dies ist bei DIN 19245 Teil 1 nicht vorgesehen, denn eine hohe Übertragungsgeschwindigkeit bringt Nachteile mit sich. Gegen Übertragungsgeschwindigkeiten von mehr als 500 kBit/s sprechen folgende Argumente:

- Standard-Mikroprozessoren (z. B. 8051 Familie) unterstützen nur Übertragungsgeschwindigkeiten bis 1 MBit/s

- die zulässigen Distanzen zwischen zwei Teilnehmern verhalten sich bei RS 485-Übertragung umgekehrt proportional zur Übertragungsgeschwindigkeit, das bedeutet, daß bei großen Übertragungsgeschwindigkeiten nur noch sehr geringe Ausdehnungen des Gesamtsystems möglich sind

- andere Übertragungsmedien, wie z. B. Datenlichtschranken oder Datenschleifringe, unterstützen nur Übertragungsgeschwindigkeiten bis 500 kBit/s, bzw. sind bei größeren Übertragungsgeschwindigkeiten aufwendiger und damit teurer

- die Störanfälligkeit des Systems nimmt mit zunehmender Übertragungsgeschwindigkeit zu, deshalb werden bei hohen Übertragungsgeschwindigkeiten (> 1 MBit/s) häufig Lichtwellenleiter eingesetzt.

In industriellen Maschinen und Fertigungseinrichtungen müssen häufig große Distanzen, z. B. bei Transferstraßen, überbrückt werden. Außerdem muß das Bussystem auch in der Nähe von starken elektromagnetischen Störquellen, wie z. B. Schweißzangen von Punktschweißgeräten, einsetzbar sein. Aus diesen Gründen werden in der Sensorik/Aktorik Bussysteme mit niedrigen Übertragungsgeschwindigkeiten gefordert. Um auch bei niedrigen Übertragungsgeschwindigkeiten kurze Buszykluszeiten zu garantieren, müssen die Übertragungsprotokolle eine möglichst hohe Protokolleffizienz aufweisen.

INTERBUS-S erreicht durch die Verwendung des Summenrahmenprotokolls eine hohe Protokolleffizienz und hat sich auch aus diesem Grund als Industriestandard zur Vernetzung von Sensoren und Aktoren durchgesetzt.

2 Das INTERBUS-S-Übertragungsverfahren

INTERBUS-S arbeitet mit dem Summenrahmenprotokoll. Dieses Protokoll ermöglicht das effiziente, schnelle und zeitäquidistante Übertragen von Eingangs- und Ausgangsdaten in einem Übertragungszyklus bei geringer Übertragungsgeschwindigkeit. Außerdem können beim Summenrahmenprotokoll einfache Busanschaltungen z. B. durch Schieberegisterstrukturen in den Teilnehmern realisiert werden.

Durch das Summenrahmenprotokoll und den Aufbau als physikalischer Ring werden Adreßeinstellungen oder spezielle Adressierungsverfahren vermieden. INTERBUS-S-Teilnehmer sind somit einfach und schnell zu installieren und in Betrieb zu nehmen, da keine DIP-Schalter oder Jumper zur Einstellung einer Teilnehmeradresse notwendig sind. Beim Ausfall und Austausch von Buskomponenten ist dies von Vorteil, da keine Fehler durch falsch eingestellte Adreßschalter auftreten können.

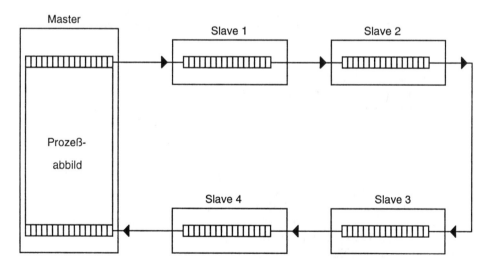

Bild 2-1: Struktur eines INTERBUS-S-Systems

INTERBUS-S arbeitet als räumlich verteiltes, rückgekoppeltes Schieberegister, bei dem die verschiedenen Teilnehmer an einen zentralen Master angeschlossen sind. Die Teilnehmer (Geräte) sind Slaves im INTERBUS-S-System und haben die Busschnittstelle mit Hilfe von Schieberegistern implementiert. Dadurch benötigen die Geräte keinen Mikroprozessor und keine Protokollsoftware zur Bussteuerung, und der Aufbau eines Bus-Interfaces wird sehr einfach. Die Anzahl der implementierten Schieberegister bestimmt die Datenbreite des Teilnehmers. Zur Zeit sind Datenbreiten von 0 Bit (Buskoppler) bis 32 * 16 Bit je Datenrichtung in einem INTERBUS-S Gerät zulässig.

Der Master ist die zentrale Stelle im INTERBUS-S System. Er hat die Kontrolle über das gesamte INTERBUS-S-System und hält alle Ein-/Ausgangsdaten im Prozeßabbild vor. Während eines Buszyklus schiebt der Master die Ausgangsdaten zu den Teilnehmern und empfängt im selben Zyklus die Eingangsdaten der Teilnehmer.

2.1 Aufbau eines INTERBUS-S-Teilnehmers

Jeder INTERBUS-S-Teilnehmer hat intern Schieberegister, durch die die Daten transportiert werden. Die Anzahl der Schieberegister hängt von der Anzahl der E/A-Daten des Teilnehmers ab.

Im Eingangsregister werden bei der Datenübernahme die Eingangsdaten, das sind die Daten der Eingangsperipherie, geladen. Parallel zu den Eingangsregistern sind die Ausgangsregister und die CRC-Register (Cyclic Redundancy Check) geschaltet. Durch diese werden ebenfalls alle Daten geschoben. Bei der Datenübernahme werden die Ausgangsdaten aus den Ausgangsregistern in Speicher geschrieben und anschließend von der Ausgangsperipherie übernommen. Die CRC-Register werden während der Datensicherungsphase genutzt, um zu überprüfen, ob die Daten korrekt übertragen wurden.

Der Master muß wissen, welche Teilnehmer an die Busleitungen angeschlossen sind, damit er die E/A-Daten den einzelnen Teilnehmern zuordnen kann. Da die einzelnen INTERBUS-S-Teilnehmer als Busanschluß nur Schieberegister haben, werden Identifikationsregister benötigt, um die Busteilnehmer voneinander zu

2.1 Aufbau eines INTERBUS-S-Teilnehmers

unterscheiden. Mit Hilfe der Identifikationsregister kann der Master in einem Identifikationszyklus erkennen, welche Teilnehmer angeschlossen sind.

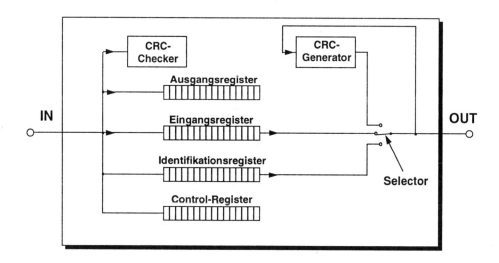

Bild 2-2: Aufbau eines INTERBUS-S-Teilnehmers

Parallel zu den Identifikationsregistern sind die Control- oder Steuerregister geschaltet, mit denen die einzelnen Teilnehmer vom Master kontrolliert werden können.

Die einzelnen Register werden über den Selector, in den verschiedenen Phasen des INTERBUS-S-Protokolls, in den Ring geschaltet.

2.2 Der Identifikationscode

Beim Starten der Anlage werden vom Master zunächst sogenannte Identifikations-Zyklen (ID-Zyklen) gestartet, mit denen erkannt wird, wieviel und welche Teilnehmer angeschlossen sind. Jeder Slave hat hierzu ein Identifikationsregister (ID-Register) implementiert, das 16 Bit umfaßt.

Eine 16 Bit breite Dateneinheit wird als Wort bezeichnet. Mit ihr lassen sich 65536 verschiedene Zustände codieren. Da die Anzahl der vorhandenen INTERBUS-S-Geräte diese Zahl bei weitem übersteigt, ist es nicht möglich, jedem Gerät einen eigenen, eindeutigen Identifikationscode (ID-Code) zu vergeben. Aus diesem Grund sind die unterschiedlichen Teilnehmerarten und Datenbreiten im ID-Code codiert vorhanden. Geräte mit gleicher Funktionalität haben somit auch den gleichen ID-Code. Mit Hilfe des ID-Codes kann also der Master die Zugehörigkeit der Geräte zu verschiedenen Geräteklassen feststellen. So wird über den ID-Code z. B. erkannt, daß an einer bestimmten Stelle ein Frequenzumrichter angeschlossen ist, es kann über den ID-Code aber nicht der Hersteller oder der Gerätetyp erkannt werden. Nachfolgend wird erläutert, wie der ID-Code aufgebaut ist, und welche Bedeutung die einzelnen Bits des ID-Codes haben.

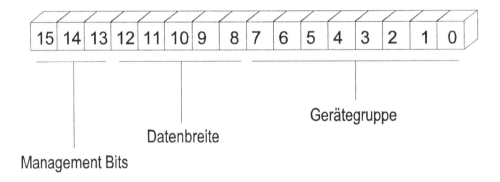

Bild 2-3: Aufbau der INTERBUS-S-Identifikationscodes

In den ID-Registern ist in niederwertigsten 8 Bit (ID 0 bis ID 7) die Gerätegruppe codiert. In den nächsten 5 Bit (ID 8 bis ID 12) wird die Datenbreite codiert.

2.2 Der Identifikationscode

Diese ersten 13 Bits des ID-Codes sind im Regelfall fest durch Hardware vorgegeben, und dürfen während des Busbetriebes nicht geändert werden.

Die höchstwertigen 3 Bit (ID 13 bis ID 15) werden für Managementfunktionen benutzt. Über diese Bits werden im Betrieb dynamisch Fehlermeldungen übertragen. Diese Bits sind nicht durch Hardware vorgegeben.

Treten während des laufenden INTERBUS-S-Betriebes Fehler auf, so kann der Fehlerort mit Hilfe von ID-Zyklen bestimmt werden. Mit den Bits ID 13 bis ID 15 kann jeder Teilnehmer eine Meldung an den Busmaster absetzen.

Tabelle 2-1: Codierung der Meldungen über die Bits ID 13 bis ID 15

ID 15	ID 14	ID 13	**Bedeutung**
X	X	1	Rekonfigurationsanforderung
X	1	X	CRC Fehler
1	X	X	Modulfehler

Mit Hilfe des Bit ID 13 kann ein INTERBUS-S-Buskoppler dem Master eine Rekonfigurationsanforderung melden. Dies wird benutzt, wenn einzelne Teile eines INTERBUS-S-Systems zeitweise außer Betrieb gesetzt wurden und anschließend auf Anforderung wieder in das Gesamtsystem integriert werden sollen. Hierzu haben bestimmte INTERBUS-S-Teilnehmer einen sogenannten Rekonfigurationstaster. Wird dieser durch den Anwender betätigt, so wird dadurch ein CRC-Fehler ausgelöst. Mit Hilfe eines ID-Zyklus kann der Master anschließend den Grund für den CRC-Fehler (hier Rekonfigurationsanforderung) ermitteln.

Über das Bit ID 14 kann jeder INTERBUS-S-Teilnehmer einen festgestellten CRC-Fehler melden. Tritt in einem INTERBUS-S-System ein CRC-Fehler auf, so kann der Master über einen ID-Zyklus und das Bit ID 14 feststellen, welcher Teilnehmer diesen Fehler festgestellt hat.

In bestimmten Anwendungen (z. B. Robotersteuerungen mit INTERBUS-S-Anschluß) ist es notwendig, die Geräte z. B. für Wartungszwecke spannungslos zu schalten. In diesem Fall sollte nach Möglichkeit das INTERBUS-S-Interface weiter betreibbar sein, damit nicht durch die Wartungsarbeiten an einem Anlagenteil alle anderen Teile der Anlage betroffen sind. Dies wird durch die getrennte Spannungsversorgung der Buslogik und der Gerätelogik erreicht.

Wird die Spannungsversorgung für das Gerät abgeschaltet, so arbeitet das INTERBUS-S-Interface dieses Gerätes durch die getrennte Spannungsversorgung weiterhin. Über das Bit ID 15 meldet dann der INTERBUS-S-Teilnehmer dem Master einen Modulfehler. Das Modulfehler-Bit bleibt solange aktiv, bis die Spannungsversorgung des Gerätes wieder eingeschaltet wird.

Tritt ein Modulfehler auf, so wird dieses Ereignis über einen CRC-Fehler dem Master gemeldet. Der Master ermittelt anschließend mit Hilfe eines ID-Zyklus, welcher Teilnehmer einen Fehler festgestellt hat. Wird der Modulfehler beseitigt, so wird dieses Ereignis wiederum durch einen CRC-Fehler dem Master angezeigt. Dieser ermittelt durch einen ID-Zyklus den Grund für den CRC-Fehler, und kann so erkennen, daß der zuvor anstehende Modulfehler nicht mehr aktiv ist.

Für den Master ist es wichtig zu wissen, wieviel Datenregister jeder Teilnehmer im INTERBUS-S-System belegt. Hat ein Teilnehmer z. B. 16 Bit Eingänge und 32 Bit Ausgänge, so belegt er 2 Worte im Bus. Hierbei ist der größere Wert entscheidend, da die Register parallel zueinander im INTERBUS-S-Teilnehmer geschaltet sind. Die Datenbreite wird mit Hilfe der Bits ID 8 bis ID 12 codiert. Es sind Datenbreiten von 1 Nibble (4 Bit) bis 32 Worten möglich.

Die ID-Codes sind in der ID-Code-Spezifikation festgelegt. Die ID-Code-Spezifikation wird unter Kontrolle des INTERBUS-S-Club e. V. gepflegt und erweitert. Für Geräte, die mit einer INTERBUS-S-Schnittstelle ausgerüstet werden, sind bestimmte ID-Codes in der ID-Code-Spezifikation vorgesehen. Diese ID-Codes werden dann für alle Geräte dieser Klasse verwendet. Alle anderen noch nicht belegten ID-Codes sind reserviert, und werden vom INTERBUS-S-Club e. V. bei Bedarf freigegeben.

Mit Hilfe der Einteilung in die verschiedenen Geräteklassen kann der Master die Slaves entsprechend ihrer Funktionalität sortieren. So ermöglicht z. B. die Unterscheidung von Teilnehmern mit analogen oder digitalen Ein-/Ausgängen, die E/A-Daten dieser Teilnehmer in unterschiedlichen Bereichen des Prozeßabbildes abzulegen. Dies ist hilfreich, wenn das Steuerungssystem diese Funktion unterstützt.

2.2 Der Identifikationscode

Tabelle 2-2: Codierung der INTERBUS-S-Registeranzahl über die Bits ID 8 bis ID 12

ID 12	ID 11	ID 10	ID 9	ID 8	Bedeutung
0	0	0	0	0	keine Daten
0	0	0	0	1	1 Wort
0	0	0	1	0	2 Worte
0	0	0	1	1	3 Worte
0	0	1	0	0	4 Worte
0	0	1	0	1	5 Worte
0	0	1	1	0	8 Worte
0	0	1	1	1	9 Worte
0	1	0	0	0	1 Nibble
0	1	0	0	1	1 Byte
0	1	0	1	0	3 Nibble
0	1	0	1	1	3 Byte
0	1	1	0	0	5 Nibble
0	1	1	0	1	5 Byte
0	1	1	1	0	6 Worte
0	1	1	1	1	7 Worte
1	0	0	0	0	reserviert
1	0	0	0	1	26 Worte
1	0	0	1	0	16 Worte
1	0	0	1	1	24 Worte
1	0	1	0	0	32 Worte
1	0	1	0	1	10 Worte
1	0	1	1	0	12 Worte
1	0	1	1	1	14 Worte
1	1	X	X	X	reserviert

Tabelle 2-3: Liste der gültigen ID-Codes für Geräte mit INTERBUS-S-Schnittstelle

ID 7	ID 6	ID 5	ID 4	ID 3	ID 2	ID 1	ID 0	Gerätegruppe
0	0	0	0	X	X	0	0	digitaler FB-TN ohne Daten
0	0	0	0	X	X	0	1	digitaler FB-TN mit OUT Daten
0	0	0	0	X	X	1	0	digitaler FB-TN mit IN Daten
0	0	0	0	X	X	1	1	digitaler FB-TN mit IN/OUT Daten
0	0	0	1	X	X	X	X	für Busmaster reserviert
0	0	1	0	X	X	0	0	digitaler FB-TN ohne Daten
0	0	1	0	X	X	0	1	digitaler FB-TN mit OUT Daten
0	0	1	0	X	X	1	0	digitaler FB-TN mit IN Daten
0	0	1	0	X	X	1	1	digitaler FB-TN mit IN/OUT Daten
0	0	1	1	X	X	0	0	analoger FB-TN ohne Daten
0	0	1	1	X	X	0	1	analoger FB-TN mit OUT Daten
0	0	1	1	X	X	1	0	analoger FB-TN mit IN Daten
0	0	1	1	X	X	1	1	analoger FB-TN mit IN/OUT Daten
0	1	X	X	X	X	0	0	analoger LB-TN ohne Daten
0	1	X	X	X	X	0	1	analoger LB-TN mit OUT Daten
0	1	X	X	X	X	1	0	analoger LB-TN mit IN Daten
0	1	X	X	X	X	1	1	analoger LB-TN mit IN/OUT Daten
1	0	X	X	X	X	0	0	digitaler LB-TN ohne Daten
1	0	X	X	X	X	0	1	digitaler LB-TN mit OUT Daten
1	0	X	X	X	X	1	0	digitaler LB-TN mit IN Daten
1	0	X	X	X	X	1	1	digitaler LB-TN mit IN/OUT Daten
1	1	0	X	X	X	0	0	LB-TN mit 2 PCP Worten
1	1	0	X	X	X	0	1	LB-TN mit 4 PCP Worten
1	1	0	X	X	X	1	0	LB-TN mit PCP Worte reserviert
1	1	0	X	X	X	1	1	LB-TN mit einem PCP Wort
1	1	1	X	X	X	0	0	FB-TN mit 2 PCP Worten
1	1	1	X	X	X	0	1	FB-TN mit 4 PCP Worten
1	1	1	X	X	X	1	0	FB-TN mit PCP Worte reserviert
1	1	1	X	X	X	1	1	FB-TN mit einem PCP Wort

FB-TN   = Fernbus-Teilnehmer
LB-TN   = Lokalbus-Teilnehmer
PCP   = Peripherals Communication Protocol

2.3 Die Steuerdaten

Die ID-Informationen sind für den INTERBUS-S-Master Eingangsinformationen, die von den einzelnen Teilnehmern eingelesen werden. Neben diesen Eingangsinformationen hat jeder Teilnehmer im ID-Zyklus auch Ausgangsinformationen, die als Steuer- oder Controldaten bezeichnet werden. Mit Hilfe dieser Steuerdaten kann der Master das System jederzeit beeinflussen. In einem ID-Zyklus werden die Steuerdaten, im Steuerwort, parallel zu den ID-Informationen übertragen und in den Steuerregistern gespeichert.

Über die Bits 8 und 9 hat der Master die Möglichkeit, die an einen Buskoppler angeschlossenen Lokalbus- und/oder Fernbusmodule zurückzusetzen.

Mit Hilfe der Bits 10 und 11 können die weiterführenden Lokalbus- und/oder Fernbusschnittstellen ein- bzw. ausgeschaltet werden. Dies wird benutzt, um z. B. für Wartungsarbeiten, definiert einzelne Teile des INTERBUS-S-Systems auszuschalten. Der "Rest" des INTERBUS-S-Systems ist weiterhin betreibbar.

Ist das Bit "Maskierung" gesetzt, so werden alle anderen Bits des Steuerwortes vom Modul nicht ausgewertet. Dies wird z. B. beim Einlesen der Systemkonfiguration benutzt, wenn der Master noch nicht weiß, wieviel Teilnehmer angeschlossen sind. Im ID-Zyklus werden dann als Steuerdaten nur Daten ausgesendet, in denen das Bit 15 gesetzt ist. Hiermit wird sichergestellt, daß die einzelnen Busteilnehmer nicht unkontrolliert die weiterführenden Schnittstellen ein- oder ausschalten.

Die Standardeinstellung der Bits im Steuerwort ist 0. Sollen die beschriebenen Funktionen ausgeführt werden, so werden die entsprechenden Bits vom Master auf 1 gesetzt und anschließend mit Hilfe eines ID-Zyklus zum Modul übertragen.

Neben den ID-Codes und Steuerdaten enthält die ID-Code Spezifikation eine Definition der gültigen Loopbackworte. Mit Hilfe des Loopbackwort kann der Master erkennen, ob ein Zyklus bezüglich der Datenlänge einwandfrei abgearbeitet wurde. Hierzu schiebt der Master das Loopbackwort als erstes durch den Ring und erwartet es als letztes Datum zurück.

Das Loopbackwort unterscheidet sich von allen gültigen ID-Codes und kann die Werte A510 hex bis A51F hex annehmen. Diese Werte sind in der Liste der gültigen ID-Codes für den Master reserviert. Bei den gültigen Loopbackwörtern ist immer das Bit 15 gesetzt (1 = Maskierung).

Tabelle 2-4: Belegung des Steuerwortes

Bit	Bedeutung
0	reserviert
1	reserviert
2	reserviert
3	reserviert
4	reserviert
5	reserviert
6	reserviert
7	reserviert
8	Lokalbus Reset (nur Buskoppler) 0 = kein Reset; 1 = Reset
9	Fernbus Reset 0 = kein Reset; 1 = Reset
10	Lokalbusschnittstelle schalten (nur Buskoppler) 0 = Ein; 1 = Aus
11	weiterführende Fernbusschnittstelle schalten 0 = Ein; 1 = Aus
12	reserviert
13	reserviert
14	reserviert
15	Maskierung 0 = keine Maskierung; 1 = Maskierung

2.4 Der Identifikationszyklus

Der INTERBUS-S-ID-Zyklus wird vom Master dazu benutzt, die reale Systemkonfiguration zu erkennen. Hierzu werden die Daten aus den ID-Registern ausgelesen und ausgewertet. Der ID-Zyklus wird außerdem dazu benutzt, Fehler- und Steuerinformationen zu übertragen.

Beim Anlagenstart werden vom Master ID-Zyklen eingeleitet. In diesen Zyklen übertragen alle angeschlossenen Teilnehmer ihre ID-Codes. Mit Hilfe des

2.4 Der Identifikationszyklus

Selectors in den Busteilnehmern ist der INTERBUS-S-Ring über die ID-Register geschlossen.

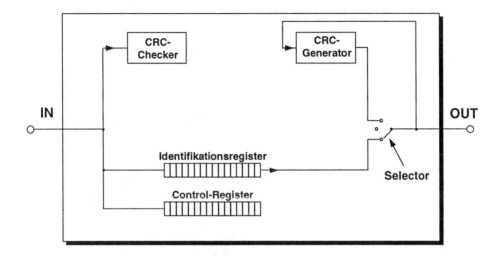

Bild 2-4: Datenpfade im INTERBUS-S-ID-Zyklus

Der Master schiebt als erste Information das Loopbackwort durch den Ring. Hinter dem Loopbackwort werden die Steuerinformationen vom Master zu den einzelnen Teilnehmern übertragen. Dabei wird die Steuerinformation für den letzten Teilnehmer direkt hinter dem Loopbackwort übertragen, und die Steuerinformation für den ersten Teilnehmer wird zuletzt übertragen.

Die ID-Codes, die vorher in den ID-Registern der einzelnen Busteilnehmer abgelegt waren, werden vor dem Loopbackwort her, von den Teilnehmern zum Master übertragen. Es werden also im Voll-Duplex-Verfahren gleichzeitig Daten eingelesen (ID-Codes von den Teilnehmer in den Master) und Daten ausgegeben (Steuerinformationen vom Master zu den Teilnehmern).

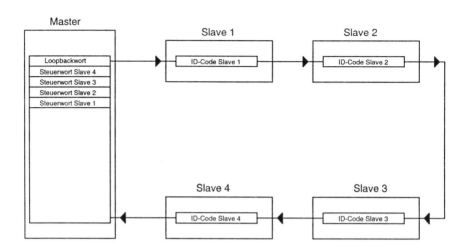

Bild 2-5: Verteilung der Information vor dem ID-Zyklus

Durch das Ringsystem ist der letzte Teilnehmer direkt mit dem Empfänger des Masters verbunden. Damit wird der ID-Code des letzten Teilnehmers zuerst vom Master eingelesen, und der ID-Code des ersten Teilnehmers zuletzt. Die ID-Codes sind deshalb in absteigender Reihenfolge im Master gespeichert. Nach Beendigung des ID-Zyklus wertet der Master die ID-Code-Liste aus.

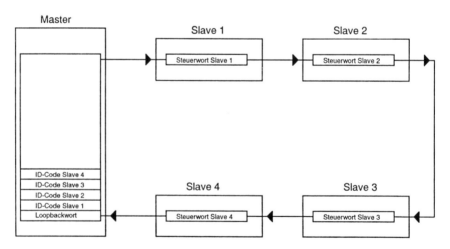

Bild 2-6: Verteilung der Information nach dem ID-Zyklus

Durch die Auswertung der ID-Code-Liste kann der Master feststellen, wieviel Teilnehmer angeschlossen sind. Anhand der Lage der ID-Codes in der Liste kann der Master die physikalische Lage jedes Teilnehmers im Ring ermitteln. Die einzelnen ID-Codes enthalten außerdem noch Informationen über die Teilnehmerart. Nach einem ID-Zyklus kennt der Master also die genaue Konfiguration des INTERBUS-S-Systems.

ID-Zyklen werden jeweils beim Anlagenstart und im Falle von Übertragungsfehlern durchgeführt.

Treten Übertragungsfehler (z. B. CRC-Fehler) während der Übertragung auf, so kann mit Hilfe eines ID-Zyklus festgestellt werden, welcher Fehler aufgetreten ist. Alle Teilnehmer, die einen Fehler festgestellt haben, melden im ID-Zyklus in Bit ID 13 bis ID 15 ihres ID-Codes den Fehler. Der Master kann damit feststellen, welcher Teilnehmer im Ring einen Fehler detektiert hat. Dieser Fehler kann angezeigt und zur Fehlerlokalisierung herangezogen werden.

2.5 Der Datenzyklus

Nachdem der Master mit einem ID-Zyklus die Systemkonfiguration festgestellt hat, können Datenzyklen gestartet werden. Hierzu werden die Datenregister mit dem Selector in den Ring geschaltet.

In den Datenzyklen werden die Ausgabedaten (OUT-Daten) vom Master zu den Teilnehmern transportiert, und im selben Zyklus werden die Eingabedaten (IN-Daten) der Teilnehmer zum Master transportiert. Die Ausgabedaten liegen im Speicher des Masters. Wie beim ID-Zyklus schiebt der Master auch im Daten-Zyklus zuerst das Loopbackwort durch den Ring.

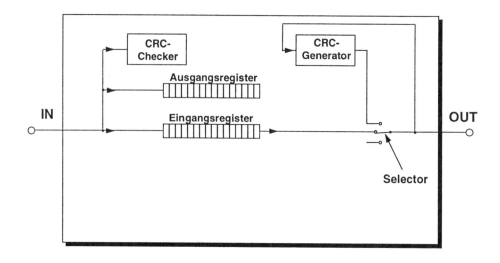

Bild 2-7: Datenpfade im INTERBUS-S-Daten-Zyklus

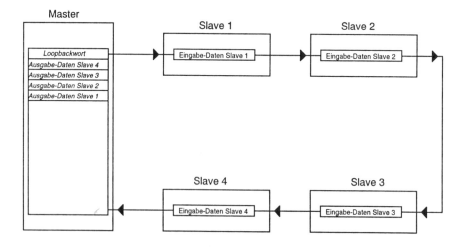

Bild 2-8: Verteilung der Daten vor dem Datenzyklus

2.5 Der Datenzyklus

Am Ende des Datenzyklus ist das Loopbackwort vom Master empfangen worden. Das Loopbackwort hat die Ausgangsdaten quasi "hinter sich hergezogen", während die Eingangsdaten vor dem Loopbackwort "hergeschoben" wurden. Somit ergibt sich eine Voll-Duplex-Datenübertragung.

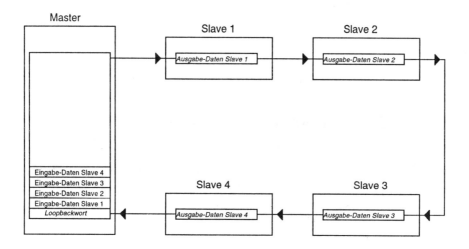

Bild 2-9: Verteilung der Daten nach dem Datenzyklus

Anhand des ID-Zyklus kennt der Master die genaue physikalische Lage der einzelnen Teilnehmer im Ring. Er kann somit jeden Teilnehmer dadurch adressieren, daß er die Ausgangsinformationen an die entsprechende Stelle im Prozeßabbild der Ausgänge schreibt, und die Eingangsinformationen aus den zum Teilnehmer gehörenden Speicherstellen des Prozeßabbild der Eingänge liest. So wird im obigen Beispiel Slave 4 dadurch mit seinen Daten versorgt, daß der Master diese Daten direkt hinter dem Loopbackwort plaziert.

Durch diese Art der Adressierung benötigen die einzelnen INTERBUS-S-Teilnehmer keine Codierschalter zur Adreßeinstellung. Dies bringt Vorteile bei der Installation, der Inbetriebnahme und der Wartung von INTERBUS-S-Anlagen. Die INTERBUS-S-Teilnehmer müssen lediglich mit dem Netz und den Busleitungen verbunden werden. Beim Start der Anlage konfiguriert sich das System selbst, und der Master sorgt automatisch dafür, daß die E/A-Daten immer an die richtige Stelle gelangen.

Müssen im Fehlerfall defekte Geräte ausgetauscht werden, so kann dieses ohne das Einstellen von Teilnehmeradressen geschehen. Durch falsches Einstellen einer Teilnehmeradresse können bei nachrichtenorientierten Übertragungsverfahren, die ausgetauschten Geräte nicht ordnungsgemäß angesprochen werden wodurch sich die Stillstandszeit der Anlage zusätzlich verlängern kann.

2.6 Die Signale des INTERBUS-S-Protokolls

Die Übertragung der Daten erfolgt bei INTERBUS-S zwischen zwei Teilnehmern über eine Zwei-Draht-Leitung. Jeder Teilnehmer generiert die Signale, die zum Ablauf und zur Auswahl der verschiedenen Protokollphasen notwendig sind, aus dem empfangenen Datenstrom.

Die Signale des INTERBUS-S-Protokolls werden über die Zwei-Draht-Leitung codiert übertragen. Zum leichteren Verständnis werden die einzelnen Signale explizit dargestellt. Aus dem Datenstrom können folgende Signale separiert werden:

- der Bustakt (CLOCK, CK-Signal)
- die Daten (Data-Signal)
- das Select-Signal (SL-Signal)
- das Control-Signal (CR-Signal)
- das Reset-Signal (RC-Signal)

Mit dem Select-Signal kann der Master zwischen Daten- und ID-Zyklus auswählen. In einem Datenzyklus hat dieses Signal "LOW"-Zustand. Während

2.6 Die Signale des INTERBUS-S-Protokolls

eines ID-Zyklus hat dieses Signal "HIGH"-Zustand. Das SL-Signal wird außerdem dazu verwendet, Leitungsunterbrechungen zu erkennen.

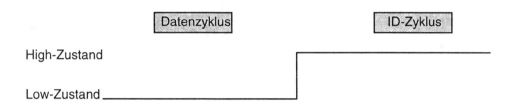

Bild 2-10: Status des Select-Signals während ID- und Datenzyklus

Der Zustand des Select-Signals darf vom INTERBUS-S-Master nur zwischen zwei Zyklen geändert werden. Nach einem Reset ist der Ruhezustand dieses Signals "LOW"-Zustand.

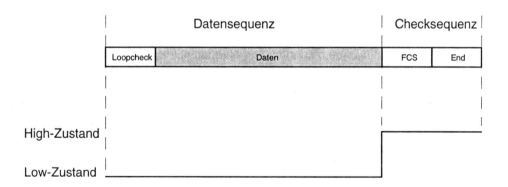

Bild 2-11: Zustand des CR-Signals während der einzelnen Phasen des Summenrahmentelegramms

Mit dem Control-Signal unterscheidet der Master die Daten- und die CRC-Phase eines INTERBUS-S-Zyklus. Das CR-Signal ist während der Datensequenz im

"LOW"-Zustand, und wechselt zu Beginn der CRC-Sequenz in den "HIGH"-Zustand.

Die Zustandsänderung wird synchron mit der steigenden Flanke des ersten Taktes der Daten- bzw. der CRC-Sequenz durchgeführt.

Mit Hilfe des CR-Signals haben die einzelnen Teilnehmer die Möglichkeit, CRC-Fehler zu signalisieren, indem sie während der CRC-Phase den Zustand des CR-Signals auf 0 setzen.

Über das Reset-Signal können alle Teilnehmer eines INTERBUS-S-Systems zurückgesetzt werden und erreichen dadurch z. B. im Fehlerfall den sicheren Zustand.

2.7 Der Protokollablauf

Nachfolgend wird der Protokollablauf in einem INTERBUS-S-System beschrieben. Für die Signale des INTERBUS-S-Protokolls wird jeweils eine eigene Zustandsdarstellung angegeben. Die Leitungscodierung für die Zwei-Draht-Übertragung wird anschließend vorgenommen.

Grundsätzlich werden im INTERBUS-S-Protokoll Daten- und ID-Zyklus, und innerhalb der Zyklen die Datenschiebephase (Datensequenz) und die Datensicherungsphase (FCS, Frame Check Sequenz) unterschieden. In der Datensequenz werden die Daten vom Master zu den Teilnehmern und von den Teilnehmern zum Master geschoben. In der Datensicherungsphase wird anhand eines CRC-Verfahrens überprüft, ob während der Datenübertragung Fehler aufgetreten sind.

Zuerst wählt der Master mit Hilfe des SL-Signals zwischen dem Identifikationszyklus oder dem Datenzyklus. Während eines Identifikationszyklus hat das SL-Signal HIGH-Zustand. Die einzelnen INTERBUS-S-Teilnehmer schalten jetzt mit dem Selector um auf die ID-Register, und der INTERBUS-S-Ring ist somit über die ID-Register geschlossen. Bei Datenzyklen setzt der Master das SL-Signal auf "LOW", und der INTERBUS-S-Ring ist dann über die Datenregister geschlossen. Vom Protokollablauf her unterscheiden sich Daten- und ID-Zyklus nicht.

2.7 Der Protokollablauf

Nur der Zustand des SL-Signals und die Anzahl und Art der Daten, bzw. die Register, aus denen die Daten übertragen werden, sind während der beiden Zyklustypen unterschiedlich.

Nachdem eine Zyklusart ausgewählt wurde, beginnt der Master Daten zu senden. Hierbei wird über die Busleitung Bit für Bit von einem Teilnehmer zum nächsten übertragen. Jedes einzelne Bit ist in der nachfolgenden Darstellung als ein Takt des CK-Signals dargestellt.

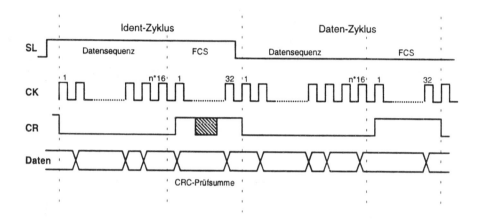

Bild 2-12: Ablauf des INTERBUS-S- Protokolls

Anhand der Informationen aus dem ID-Zyklus weiß der Master, wieviel Daten insgesamt im INTERBUS-S-System vorhanden sind. Zur Kontrolle, ob diese Datenanzahl, und damit die Anzahl Schieberegister noch vorhanden ist, sendet der Master immer zuerst das Loopbackwort. Das Loopbackwort wird im ID-Zyklus dazu benutzt das Ende einer Datensequenz zu erkennen. In einem Datenzyklus wird nach dem Senden aller Daten überprüft, ob das zuletzt empfangene Datum das Loopbackwort ist. Ist dies der Fall, und sind genauso viel Daten vom Master empfangen worden, wie er gesendet hat, so ist das gesamte System scheinbar noch in Ordnung. Eine gesicherte Aussage läßt erst der CR-Check zu, da im Datenzyklus das Loopbackwort nicht von einem gültigen Datum unterschieden werden kann.

Die Anzahl der Datenbits plus 16 Bit Loopbackwort geben die Anzahl der Bits in der Datensequenz vor. Nachdem diese Bits durch den Master gesendet wurden, muß das Loopbackwort durch alle Teilnehmer geschoben worden sein. Die Datensequenz ist damit beendet. Während der Datensequenz hat das CR-Signal Low-Zustand.

Hat der Master am Ende der Datensequenz das ausgesendete Loopbackwort wiedererkannt, so leitet er anschließend durch Setzen des CR-Signals auf "HIGH" die CR-Check-Phase ein. Ist das Loopbackwort nicht korrekt empfangen worden, so wird ein Loopbackwort-Fehler erkannt. Dieser Fehler besagt, daß die Anzahl der gesendeten Bits nicht mit der Anzahl Bits der externen Schieberegister im System übereinstimmt, oder daß das Loopbackwort während der Datensequenz verfälscht wurde. In diesem Fall wird keine CRC-Sequenz mehr eingeleitet, sondern der Master beginnt sofort wieder mit einer Datensequenz eines ID-Zyklus. Mit Hilfe dieses ID-Zyklus versucht der Master die Fehlerursache festzustellen.

Bei Zustandsänderung des CR-Signals schalten die einzelnen Teilnehmer mit dem Selector auf den CRC-Generator am Ausgang um.

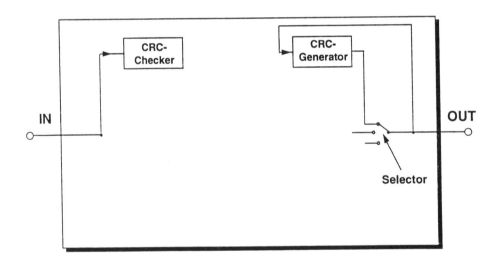

Bild 2-13: Datenpfad in der Datensicherungsphase

2.7 Der Protokollablauf

In den nächsten 16 Bustakten sendet nun jeder Teilnehmer (auch der Master) den CRC-Rest (die Prüfsumme) von seinem Ausgang zum Eingang (CR-Checker) des nächsten Teilnehmers. Es wird also **nicht** ein gesamter CRC-Wert durch alle Teilnehmer geschoben, sondern jeder Teilnehmer überträgt seinen ermittelten CRC-Wert in den CR-Checker des nächsten Teilnehmers. In diesem CR-Checker wird jetzt überprüft, ob das empfangene CRC-Wort gleich dem selbst errechneten ist. Ist dies der Fall, so war kein Übertragungsfehler auf der Strecke zwischen diesen beiden Teilnehmern. Stimmen die beiden CRC-Worte nicht überein, so liegt ein Übertragungsfehler vor. In den anschließenden 16 Bustakten hat der Teilnehmer dann die Möglichkeit, das CR-Signal auf "LOW" Zustand zu setzen, und so allen nachfolgenden Teilnehmern den CRC-Fehler zu melden. Das CR-Signal gibt also den Prüfsummenstatus an. So wird von jedem einzelnen Busteilnehmer eine Streckensicherung vorgenommen, indem die Übertragungsstrecke vom vorherigen Teilnehmer bis zu seinem Empfänger überprüft wird.

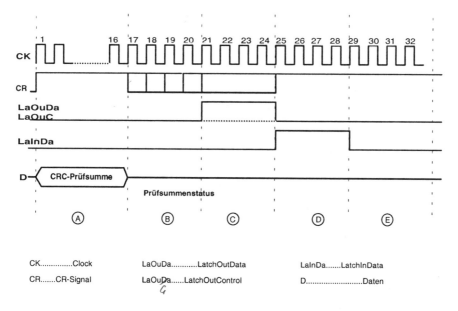

Bild 2-14: CRC-Sequenz

A) In den ersten 16 Takten der CRC-Sequenz (FCS) wird die CRC-Prüfsumme von einem Teilnehmer zum nächsten übertragen.

B) In den nächsten 4 Takten (17 bis 20) hat jeder Teilnehmer die Möglichkeit, von ihm festgestellte CRC-Fehler durch Ändern des Zustandes des CR-Signals von High auf Low-Zustand anzuzeigen (Änderung des Prüfsummenstatus).

C) In Abhängigkeit vom Zustand des CR- und des SL-Signals werden die Ausgangsinformationen während der Takte 21 bis 24 übernommen (LatchOutData). Hat das SL-Signal Low-Pegel, so wird gerade ein Datenzyklus gefahren, und die Informationen sind E/A-Informationen zur Peripherie. Hat das SL-Signal High-Pegel, wird ein ID-Zyklus gefahren, und die Informationen sind Control-Informationen. Ist das CR-Signal auf High-Pegel, so liegt kein CRC-Fehler vor und die Daten werden übernommen, ist das CR-Signal auf Low-Pegel, so liegt ein CRC-Fehler vor und es erfolgt keine Datenübernahme.

D) Die Eingangsinformationen werden während der Takte 25 bis 28 der CRC-Sequenz in die Schieberegister übernommen. Diese Datenübernahme findet in jedem Fall statt, da die Überprüfung der Integrität der Eingangsdaten erst am Ende des nächsten Zyklus sinnvoll ist. So wird sichergestellt, daß auch bei Übertragungsfehlern immer die aktuellsten Daten übertragen werden.

Im Anschluß an die CRC-Sequenz beginnt wieder eine neue Datensequenz.

Bei Verwendung einer Zwei-Draht-Leitung sind nur zwei physikalische Leitungen zwischen zwei Teilnehmern vorhanden. Die Signale des INTERBUS-S-Protokolls müssen somit auf eine Leitung je Datenrichtung codiert werden.

Die Verbindungen im INTERBUS-S-System können wie viele hintereinandergeschaltete Punkt-zu-Punkt-Verbindungen angesehen werden. Jeder Busteilnehmer hat also einen Empfänger, um Daten vom vorhergehenden Modul zu empfangen, und einen Sender, um Daten zum nachfolgenden Modul zu senden. Die Leitungen werden dabei im INTERBUS-S-System als DO-Leitungen (Data Out) bezeichnet, wenn die Flußrichtung der Daten vom Master weg ist. Die DI-Leitungen sind dabei die Leitungen in Richtung zum Master (Data In).

2.7 Der Protokollablauf

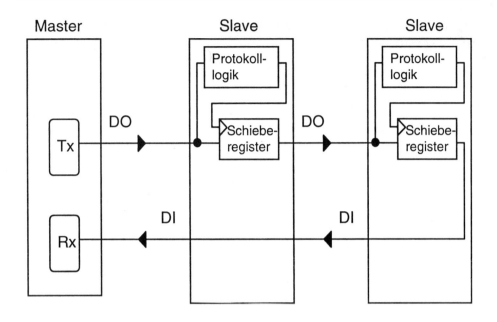

Bild 2-15: Die Signalleitungen im INTERBUS-S-System

Die Datenübertragung erfolgt durch codierte Informationsoktets. Dabei wird das gesamte Summenrahmentelegramm in 8 Bit Portionen aufgeteilt, und in Form von UART-ähnlichen Telegrammen zwischen zwei INTERBUS-S-Teilnehmern auf der hinlaufenden und der rücklaufenden Leitung übertragen.

Es gibt zwei unterschiedliche Telegrammformate:

1. das Statustelegramm und
2. das Datentelegramm.

Sie unterscheiden sich u. a. durch die Telegrammlänge. Beide Telegrammtypen haben einen Header, und das Datentelegramm hat zusätzlich ein Datenbyte.

Das Statustelegramm wird dazu benutzt, in Übertragungspausen Aktivität auf dem Busmedium zu erzeugen und den Status des SL-Signals zu übertragen. Dadurch, daß in Übertragungspausen ununterbrochen Statustelegramme ausgetauscht werden, ist auch hier gewährleistet, daß das SL-Signal quasi parallel an allen Teilnehmern anliegt.

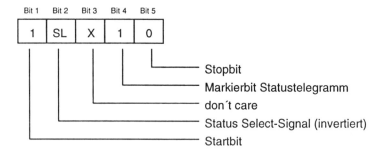

Bild 2-16: Aufbau des Statustelegramms

Das Statustelegramm besteht aus 5 Bit Information, wobei das Startbit und das Stopbit dazu benutzt wird, den Anfang und das Ende eines Telegramms zu kennzeichnen. Zwischen Start- und Stopbit wird im zweiten Bit das SL-Signal invertiert übertragen. Bit 3 hat keine Bedeutung. Das Markierbit, Bit 4, gibt durch Zustand 1 an, daß es sich bei diesem Telegramm um ein Statustelegramm handelt und somit keine Nutzdaten übertragen werden.

Mit Hilfe von Datentelegrammen werden die Nutzdaten zwischen zwei Teilnehmern übertragen. Ein Datentelegramm enthält neben 5 Bit Headerinformation noch 8 Bit (1 Byte) Nutzdaten.

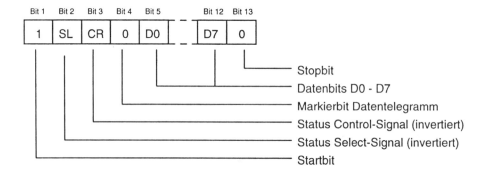

Bild 2-17: Aufbau des Datentelegramms

2.7 Der Protokollablauf

Wie beim Statustelegramm markieren das Start- und das Stopbit Anfang und Ende des Datentelegramms. Mit Bit 2 wird der Status des SL-Signals invertiert übertragen. Bit 3 zeigt den Status des CR-Signals invertiert an. Bei einem Datentelegramm hat Bit 4 den Zustand 0 und zeigt damit an, daß 8 Datenbits folgen.

Einlaufende Telegramme werden von der Protokollogik des jeweiligen Teilnehmers erkannt und decodiert. Die Zustände des SL- und des CR-Signals (Bit 2 und Bit 3 des Telegramms) werden nicht durch die Schieberegister transportiert, sondern direkt zum Sender des Teilnehmers übertragen. Von dort wird mit einer Verzögerungszeit von 1,5 Bitzeiten ein neues Telegramm zum nächsten Teilnehmer gesendet. Dabei werden die Zustände des SL- und CR-Signals aus dem einlaufenden Telegramm übernommen. Die Datenbits werden durch die Schieberegister transportiert.

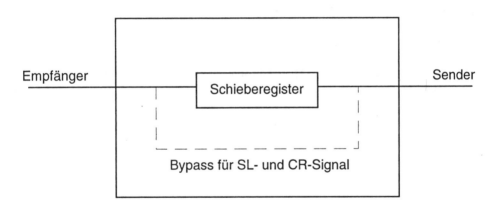

Bild 2-18: Signalwege in einem INTERBUS-S-Teilnehmer

Dadurch daß das SL- und CR-Signal nicht durch die Schieberegister transportiert wird, liegt es als quasi parallele Leitung, mit einer Verzögerungszeit von 1,5 Bitzeiten (3 µs, bei 500 kBit/s), an allen Teilnehmern an.

Bei beiden Telegrammarten werden vom Empfänger verschiedene Prüfungen vorgenommen.

Diese sind:

1. Überprüfung der Startflanke (Wechsel von logisch 0 nach logisch 1)

2. Überprüfung des Startbits (ist Startbit logisch 1)

3. Überprüfung des Stopbits (ist Stopbit logisch 0 nach Bit 4 beim Statustelegramm, und nach Bit 12 beim Datentelegramm)

Wenn diese Prüfungen korrekt durchlaufen wurden, so wird das Telegramm als gültig erkannt.

Das INTERBUS-S-Protokoll arbeitet standardmäßig mit einer Datenübertragungsrate von 500 kBit/s nach dem NRZ-Verfahren (Non Return to Zero).

Die Datenleitung wird in den Teilnehmern mit einem 16 mal höheren Takt abgetastet, um eine möglichst hohe Laufzeitdifferenz zwischen der steigenden und der fallenden Flanke eines Bits (Jitterverträglichkeit) innerhalb eines Telegramms zuzulassen.

Bei einer Taktrate von 16 MHz können im INTERBUS-S-Protokoll drei verschiedene Baudraten eingestellt werden. Diese sind

- 2 MBit/s (8-fach Abtastung, für zukünftige Anwendungen)

- 500 kBit/s (Standard)

- 125 kBit/s (für spezielle zeitunkritische Anwendungen)

Bei der Datenübertragung über die INTERBUS-S-Zwei-Draht-Leitung wird kein Taktsignal übertragen. In jedem INTERBUS-S-Teilnehmer arbeitet ein 16 MHz Taktgenerator, der den internen 500 kHz Takt vorgibt.

Die Taktgeneratoren der einzelnen INTERBUS-S-Teilnehmer sind nicht voneinander abhängig, so daß zwischen den internen Takten zweier benachbarter Teilnehmer eine Phasenverschiebung und eine eventuelle geringfügige Frequenz-

2.7 Der Protokollablauf

abweichung möglich ist. Damit der Empfänger eines Teilnehmers die Daten des vorhergehenden Teilnehmers richtig erkennen kann, müssen die internen Takte des Senders und des Empfängers synchronisiert werden. Durch die Verwendung von gleichen Taktquellen (16 MHz) in den INTERBUS-S-Teilnehmern ist gesichert, daß die Teilnehmer intern nahezu mit der gleichen Frequenz arbeiten.

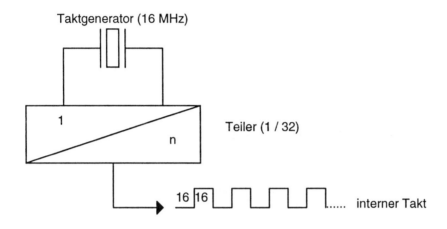

Bild 2-19: Generierung des internen Taktes

Die richtige Phasenlage des einlaufenden Bitstroms zum internen Takt wird durch den Bezug auf eine gemeinsam vereinbarte Synchronisationsstelle erreicht. Diese Synchronisationsstelle ist die oben beschriebene Start-/Stopcodierung zwischen zwei INTERBUS-S-Telegrammen.

Erkennt der Empfänger einen Flankenwechsel zu Beginn eines neuen INTERBUS-S-Telegramms, so wird der Zähler, der zur Erzeugung des internen Taktes benutzt wird, auf 0 gestellt, und es wird eine halbe Bitzeit später mit der Abtastung der einlaufenden Signale begonnen. Die empfangenen Daten werden dadurch immer in der Bitmitte abgetastet.

Nach dem Stopbit findet eine neue Synchronisierung des Empfängers mit dem Empfang des nächsten Startbit statt. Dadurch können selbst bei Toleranzen der Taktgeneratoren in Sender und Empfänger von 1 % der Nennfrequenz - bei einer Übertragungsgeschwindigkeit von 500 kBit/s - die Daten im Empfänger richtig decodiert werden.

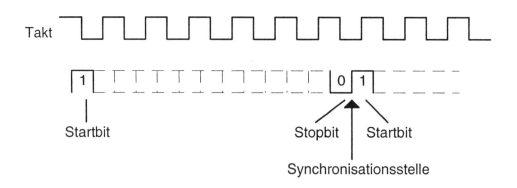

Bild 2-20: Synchronisierung von Sender und Empfänger

Bei der Zwei-Draht-Übertragung ist keine parallel geführte Resetleitung vorhanden, deshalb wird diese Funktion über das Protokoll in Form einer Verbindungsüberwachung abgewickelt.

Beim INTERBUS-S-Protokoll werden ständig Daten- und/oder Statustelegramme generiert. Werden für die Dauer von zwei Datentelegrammen keine gültigen Telegramme erkannt, so beginnt das System mit der Messung der Datenunterbrechungszeit. Über die Zeitdauer dieser Unterbrechung kann der Reset übertragen werden.

2.8 Datensicherheit

Bei allen seriellen Datenübertragungssystemen spielt die Datensicherheit (Datenintegrität) eine entscheidende Rolle. Aus diesem Grund arbeitet jedes Übertragungssystem mit bestimmten Datensicherungsmechanismen, mit denen Übertragungsfehler erkannt und gegebenenfalls korrigiert werden können.

2.8 Datensicherheit

Die verschiedenen Datensicherungsverfahren reichen vom einfachen Paritätscheck bis hin zu aufwendigen CRC-Sicherungsmechanismen.

INTERBUS-S-verwendet ein abgestuftes Konzept zur Überprüfung der Datenintegrität und der Kommunikation. Folgende Verfahren werden angewandt:

1. Überprüfung SL- und CR-Signal
2. Loopbackwort-Check
3. Überprüfung CRC-Wort
4. Timeout-Kontrolle
5. Stopbit

Mit Hilfe dieser Datensicherungsmechanismen wird eine sehr hohe Datensicherheit bei INTERBUS-S-Systemen erreicht. Eine Maßzahl für die erreichte Datensicherheit ist die sogenannte **Hamming-Distanz**. Die Hamming-Distanz gibt an, um wieviel Stellen sich zwei beliebige, gültige Codewörter unterscheiden müssen. Als gültige Codewörter gelten bei INTERBUS-S die Daten des Summenrahmentelegramms plus Prüfsumme.

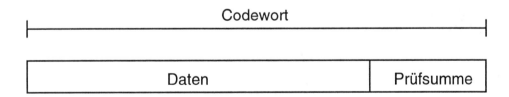

Bild 2-21: Codewort bei INTERBUS-S

Wird in den Daten ein Bit geändert, so müssen sich in der Prüfsumme mindestens 3 Bits ändern. Dadurch unterscheiden sich zwei gültige INTERBUS-S-Telegramme mit unterschiedlichen Dateninhalten immer in mindestens 4 Bitstellen.

INTERBUS-S erreicht damit eine Hamming-Distanz von 4, womit 3 beliebige Bitfehler in einem Zyklus sicher erkannt und gemeldet werden können. Heutige Standardbussysteme erreichen Hamming-Distanzen zwischen 1 und 6, wobei für eine Hamming-Distanz von 6 erheblicher Aufwand getrieben werden muß.

2.8.1 Überprüfung des SL-Signals

Mit Hilfe des SL-Signals überprüft der Master, ob eine Leitungsunterbrechung im System vorliegt. Hierzu setzt er am Anfang eines INTERBUS-S-Zyklus das SL-Signal auf High-Pegel. Durch die Übertragung des SL-Signals mit Statustelegrammen von Teilnehmer zu Teilnehmer empfängt er es nach einer bestimmten Verzögerungszeit an seinem Eingang. Hat er die Zustandsänderung von High nach Low an seinem Empfänger erkannt, setzt er das SL-Signal am Sender wieder auf Low-Pegel.

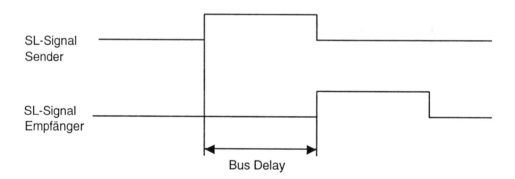

Bild 2-22: Überprüfung SL-Signal

Die Zeit, die vergeht, bis der Master den High-Pegel des SL-Signals wieder empfängt, wird Bus Delay genannt. Diese Zeit entspricht der Zeit, die durch Signalverzögerungen in den Busteilnehmern und durch Laufzeiten auf den Busleitungen entsteht.

2.8 Datensicherheit

Während einer Datensequenz wird ständig der Status des SL-Signals überwacht. Das SL-Signal unterscheidet einen ID-Zyklus von einem Datenzyklus und darf sich deshalb während eines Zyklus nicht ändern. Ändert sich dieser Status während eines Zyklus, so wird das als Übertragungsfehler in den Teilnehmern gespeichert.

Zusätzlich zur Überwachung des SL-Signals wird während der Datensequenz das CR-Signal überwacht. Das CR-Signal unterscheidet die Daten- von der CRC-Sequenz und darf sich deshalb während einer Datensequenz nicht ändern.

2.8.2 Der Loopbackwort-Check

Das Loopbackwort ist ein 16-Bit-Datenmuster, das sich eindeutig von allen gültigen ID-Codes unterscheidet. In einem Übertragungszyklus sendet der Busmaster zuerst das Loopbackwort zum ersten Teilnehmer. Vor dem Loopbackwort werden die Eingangsinformationen der einzelnen Teilnehmer in den Master geschoben. Hinter dem Loopbackwort werden die Ausgangsinformationen vom Master zu den angeschlossenen Teilnehmern übertragen. Dabei sendet der Master nach dem Loopbackwort zuerst die Ausgangsinformation des letzten Teilnehmers und empfängt nach der Bus Delay-Zeit zuerst die Eingangsinformation des letzten Teilnehmers.

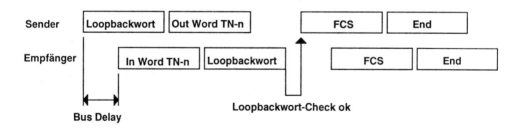

Bild 2-23: Loopbackwort-Check

Nachdem der Master die letzte Ausgangsinformation gesendet hat, wartet er, bis er das Loopbackwort komplett empfangen hat. Anschließend vergleicht er das gesendete Loopbackwort mit dem empfangenen. Sind diese beiden Informationen identisch, so ist das INTERBUS-S-System immer noch gleich lang, bzw. das Loopbackwort wurde nicht verändert. In diesem Fall leitet der Master die CRC-Sequenz ein.

Ist das empfangene Loopbackwort nicht gleich dem gesendeten, so sind mehr oder weniger Datenpunkte im System vorhanden, als Daten übertragen wurden, oder das Loopbackwort wurde verändert. Ein Grund für zuviel oder zuwenig übertragene Informationen ist, daß das System mehr oder weniger Teilnehmer als im Originalsystem hat. In diesem Fall leitet der Master keine Checksequenz ein, sondern versucht über einen ID-Zyklus festzustellen, ob z. B. Teilnehmer eingefügt oder entfernt wurden.

2.8.3 Der CR-Check

Bei der seriellen Datenübertragung muß nicht nur der Störsicherheit des Kommunikationsmediums ein hoher Stellenwert eingeräumt werden, sondern die Sicherung der übertragenen Daten spielt ebenfalls eine entscheidende Rolle. Deshalb werden bei nahezu allen Bussystemen aufwendige Datensicherungsverfahren eingesetzt. Bei den sogenannten zeichenorientierten Protokollen finden vorwiegend die Längs- und/oder Querparitätsprüfungen Verwendung. Diese Verfahren sind sehr einfach aufgebaut und somit leicht zu implementieren. Mit ihrer Hilfe können Einfach- und Doppelfehler erkannt und teilweise auch korrigiert werden.

Bussysteme mit bitorientierten Übertragungsprotokollen verwenden sogenannte zyklische Datensicherungscodes (CRC, Cyclic Redundancy Check). Hierbei wird der gesamte Telegrammblock mit einem Generatorpolynom verknüpft, und so das CRC-Prüfzeichen gebildet.

Mit Hilfe des CR-Check können sehr effizient Datenübertragungsfehler festgestellt werden. Insbesondere werden mit diesem Verfahren die sogenannten Bündelfehler (Fehlerbursts) bei der seriellen Datenübertragung erkannt.

2.8 Datensicherheit

Bei diesem Verfahren werden die übertragenen Daten von einem CRC-Generator durch ein durch CCITT festgelegtes Polynom geteilt. Der nach der Teilung entstehende Rest ist die CR-Check-Information oder -Prüfsumme. INTERBUS-S verwendet zum CR-Check ein Polynom 16-ter Ordnung.

$$g(x) = x^{16} + x^{12} + x^5 + 1$$

Bei der bei INTERBUS-S verwendeten Implementierung werden die einlaufenden Daten (beginnend mit Bit 2^0) vom CRC-Generator mit seinem Inhalt verknüpft (Exklusiv Oder). Um eine einheitliche Ausgangsbasis sicherzustellen, werden die CRC-Generatoren zu Beginn einer INTERBUS-S-Datenübertragungssequenz mit dem Initialwert FFFF hex geladen.

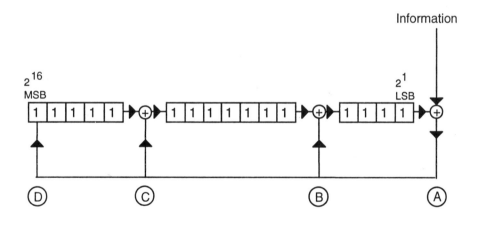

Bild 2-24: Verknüpfungsstellen im CRC-Generator und Initialwert FFFF hex

Das Bit 2^1 des CRC-Generators wird an der Stelle A mit dem einlaufenden Bit Exklusiv Oder verknüpft. Der dort ermittelte Wert wird an der Stelle D auf die Bitstelle 2^{16} geschoben. An der Stelle B und C wird der zuvor an der Stelle A ermittelte Wert mit dem Bit 2^5 bzw. 2^{12} verknüpft und auf die Bitstelle 2^4 bzw. 2^{11} geschoben.

Bei der Exklusiv Oder Verknüpfung ergeben sich folgende Verknüpfungsergebnisse:

Tabelle 2-5: Die Logik der Antivalenz (Exklusiv Oder)

Bit 1	Bit 2	Ergebnis
0	0	0
0	1	1
1	0	1
1	1	0

Wird der Initialwert des CRC-Generators mit einer 0 verknüpft, so steht anschließend folgender Wert im CRC-Generator.

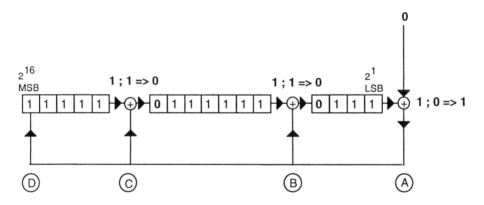

Bild 2-25: Verknüpfung des Initialwertes FFFF hex mit 0

Jeder INTERBUS-S-Teilnehmer errechnet jeweils an seinem Empfänger und an seinem Sender eine Prüfsumme. Nachdem alle Daten durch das INTERBUS-S-System geschoben wurden, muß der Inhalt des CR-Generators eines Teilnehmers (Sender) mit dem Inhalt des CR-Generators des nächsten Teilnehmers (Empfänger) übereinstimmen. Zur Überprüfung der Inhalte der beiden CRC-Generatoren wird der Inhalt des Sender-CR-Generators eines Teilnehmers zum Empfänger-CRC-Generator des nächsten Teilnehmers übertragen.

2.8 Datensicherheit

Jeder INTERBUS-S-Teilnehmer überprüft bitweise, ob das empfangene CRC-Wort des vorherigen INTERBUS-S-Teilnehmers mit der selbst errechneten Prüfsumme übereinstimmt. Das folgende Beispiel zeigt die Ermittlung der CRC-Prüfsumme sowie die Überprüfung auf Gleichheit. Dabei wird zuerst das Bitmuster (MSB) 1011101100010010 (LSB) mit dem Initialwert des CR-Generators verknüpft.

Tabelle 2-6: Verknüpfung des Initialwertes FFFFhex mit einem beliebigem Datum

Schritt	Datenbit	CR-Generator Inhalt LSB MSB 1111 1111111 11111
1	0	1110 1111110 11111
2	1	1101 1111101 11110
3	0	1010 1111010 11101
4	0	0100 1110100 11011
5	1	1000 1101000 10111
6	0	0000 1010000 01111
7	0	0001 0100000 11110
8	0	0010 1000001 11100
9	1	0100 0000010 11001
10	1	1001 0000100 10011
11	0	0011 0001000 00111
12	1	0111 0010001 01111
13	1	1111 0100011 11111
14	1	1110 1000111 11110
15	0	1100 0001110 11101
16	1	1000 0011101 11010

Anschließend wird die errechnete Prüfsumme von einem Teilnehmer zum nächsten übertragen. Dieser nimmt eine bitweise Überprüfung auf 0 vor.

Bei der Verknüpfung beider Prüfsummen muß an der Stelle A als Verknüpfungsergebnis immer 0 erscheinen. Ist dies nicht der Fall, so hat der Teilnehmer einen CRC-Fehler festgestellt. Während der CRC-Sequenz hat der Teilnehmer dann die Möglichkeit, diesen CRC-Fehler durch Setzen des CR-Signals auf Low-Pegel zu melden.

Tabelle 2-7: Verknüpfung der CRC-Prüfsummen

Schritt	Datenbit	CR-Generator Inhalt LSB MSB 1000 0011101 11010
1	1	0000 0111011 10100
2	0	0000 1110111 01000
3	0	0001 1101110 10000
4	0	0011 1011101 00000
5	0	0111 0111010 00000
6	0	1110 1110100 00000
7	1	1101 1101000 00000
8	1	1011 1010000 00000
9	1	0111 0100000 00000
10	0	1110 1000000 00000
11	1	1101 0000000 00000
12	1	1010 0000000 00000
13	1	0100 0000000 00000
14	0	1000 0000000 00000
15	1	0000 0000000 00000
16	0	0000 0000000 00000

Mit dem CR-Check mit einem Polynom 16-ter Ordnung können folgende Übertragungsfehler erkannt werden:

- Einzelbitfehler   100 %

- Doppelbitfehler   100 %

- Ungerade Anzahl von Bitfehlern   100 %

- Bündelfehler: $b < 16$ 100 %

                                $b \geq 17$ 99,9 % Wahrscheinlichkeit

2.9 Reset des Systems

Beim Betrieb von Anlagen muß der Anwender in der Lage sein, das System jederzeit in einen definierten Zustand zu versetzen. Zusätzlich muß das System z. B. im Fehlerfall selbständig einen sicheren Zustand einnehmen. Dies bedeutet im allgemeinen, daß die Ausgänge auf Null geschaltet werden. So ist immer gewährleistet, daß im Fehlerfall die Anlage ohne Probleme herunter gefahren werden kann.

INTERBUS-S verwendet zum Erreichen des sicheren Zustandes einen gestaffelten Reset. Somit können die INTERBUS-S-Teilnehmer gesteuert durch den Anwender (über den Busmaster) oder selbständig z. B. bei Kabelbruch in den sicheren Zustand gelangen. Zum Erreichen dieses Zustandes wird das System zurückgesetzt, d. h. es wird ein Reset ausgeführt.

Durch den gestaffelten Reset wird bei INTERBUS-S nicht nur das Erreichen des sicheren Zustandes ermöglicht, sondern es kann außerdem eine Fehlerlokalisierung durchgeführt werden.

Der gestaffelte Reset wird durch unterschiedlich lange Impulse des Reset-Signals realisiert. Hierbei wird der "kurze" und der "lange" Reset unterschieden. Ein kurzer Reset wird ausgelöst, wenn das Reset-Signal für mindestens 256 µs anliegt. Bei einem langen Reset liegt das Reset-Signal länger als 25 ms an.

Das Reset-Signal kann bei einer Zwei-Draht-Übertragung nicht durch eine Leitung realisiert werden. Beim INTERBUS-S-Protokoll wird das Reset-Signal deshalb über eine Verbindungsüberwachung ermittelt. Dies ist möglich, da auch bei Sendepausen Statustelegramme zwischen zwei Teilnehmern übertragen werden. Jedes gültige Telegramm führt zu einem Rücksetzen des Verbindungsüberwachungstimers.

Ist z. B. durch Kabelbruch keine Aktivität mehr auf der Leitung, so beginnen die Teilnehmer nach 26 µs (Laufzeit von zwei Datentelegrammen) mit der Messung der Unterbrechungszeit. Ist die Datenunterbrechung größer als 256 µs, so wird ein kurzer Reset erkannt. Hierbei schließen die Fernbusteilnehmer die weiterführenden Schnittstellen, so daß alle INTERBUS-S-Segmente isoliert sind und zunächst nur der erste Fernbusteilnehmer an den Master angeschlossen ist. Bei einem kurzen Reset werden die Ausgangsdaten von E/A-Teilnehmern nicht zurückgesetzt.

Ist die Datenunterbrechung größer als 25 ms, so wird ein langer Reset erkannt. Bei einem langen Reset werden zusätzlich zur Wirkung des kurzen Reset die Ausgänge aller Ausgangsmodule auf Null gesetzt.

Mit Hilfe der Steuerdaten (Bit 8 und Bit 9) kann der Master gezielt einzelne Fernbus- und / oder Lokalbussegmente in den Reset-Zustand bringen. Dieser Reset wird auch als programmierter Reset bezeichnet.

2.10 INTERBUS-S-Übertragungszeiten

Die Übertragungszeit in einem INTERBUS-S-System hängt im wesentlichen von der Anzahl der zu übertragenden Informationen ab. Für jedes einzelne Bit wird bei einer festen Übertragungsrate eine bestimmte Übertragungszeit benötigt. Da das Summenrahmentelegramm in einem INTERBUS-S-System immer gleich lang ist, ist somit die Übertragungszeit in einem bestehenden System immer konstant.

Folgende Zeiten treten in einem INTERBUS-S-System auf:

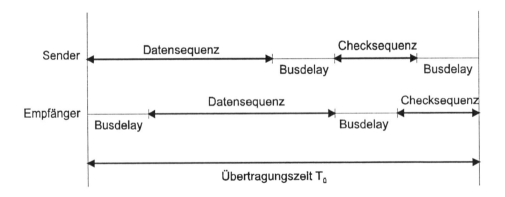

Bild 2-26: Übertragungszeiten in einem INTERBUS-S-System

2.10 INTERBUS-S-Übertragungszeiten

Werden vom Master Daten zu den Teilnehmern gesendet, so treffen mit einer bestimmten Verzögerung, dem Busdelay, Daten der Teilnehmer im Master ein. Nach dem Senden der Daten in der Datensequenz wartet der Master solange, bis er das letzte Eingangsdatum der Datensequenz, das Loopbackwort, wieder empfangen hat. Anschließend beginnt er mit der Checksequenz. Auch hier treffen nach dem Busdelay die Daten im Master ein. Zur Berechnung der Übertragungszeit müssen also folgende Zeiten betrachtet werden:

Übertragungszeit $t_ü = t_{Datensequenz} + t_{Checksequenz} + 2 * Busdelay$

Setzt man in diese Formel die einzelnen Werte ein, so erhält man folgende Formel zur Berechnung der Übertragungszeit:

$$t_ü = [\,13 * (\,6 + n\,) + 4 * m\,] * t_{Bit} + t_{SW} + 2 * t_{Ph}$$

$t_ü$ = Übertragungszeit in Millisekunden
n = Anzahl der Nutzdatenbyte
m = Anzahl der installierten Fernbusteilnehmer
t_{Bit} = Bitdauer = 2 µs bei 500 kBit/s
t_{SW} = Softwarelaufzeit = 200 µs
t_{Ph} = Laufzeit auf dem Übertragungsmedium
  bei Kupfer: $t_{Ph} = 0{,}016$ ms * l/km
  l = Länge des Fernbuskabels in Kilometer

Bild 2-27: Formel zur Berechnung der INTERBUS-S-Übertragungszeit bei RS 485-Mediumzugriff

Die Formel zur Berechnung der INTERBUS-S-Übertragungszeit besteht aus den Anteilen

- Bitübertragungszeit
- Softwarelaufzeit im Master
- und Laufzeit auf dem Übertragungsmedium.

Die Softwarelaufzeit ist durch die Firmware des INTERBUS-S-Masters festgelegt und damit implementierungsabhängig. Sie kann in zukünftigen Firmwareversionen, insbesondere bei Verwendung schnellerer Mikroprozessoren, verkürzt werden. Die Laufzeit über das Übertragungsmedium hängt von der Länge des Fernbuskabels ab. Beide Anteile der Formel sind in Bezug auf die reine Bitübertragungszeit relativ geringe Anteile.

Der Hauptanteil der Übertragungszeit wird durch die Bitübertragungszeit bestimmt. Die Bitübertragungszeit errechnet sich aus dem Produkt der gesamt zu übertragenden Bits und der Laufzeit pro Bit. Die Anzahl der Bytes des Summenrahmentelegramms ergibt sich aus der Anzahl Nutzdatenbytes plus 6 Byte Rahmeninformation. Die Rahmeninformation setzt sich aus 2 Byte Loopbackwort, 2 Byte Datensicherungsinformation (CRC-Check) und 2 Byte Endeinformation zusammen. Zur Berechnung der Anzahl der gesamt zu übertragenden Bits muß die Anzahl der Bytes des Summenrahmentelegramms mit 13 multipliziert werden, da bei der Übertragung der Daten von einem Teilnehmer zum nächsten jeweils 8 Bit in 5 Bit Rahmeninformation eingepackt werden.

Aus der oben angegebenen Formel ergibt sich ein annähernd linearer Verlauf der Übertragungszeitkurve über der Anzahl der E/A-Informationen. Für die Berechnung des folgenden Diagramms wurden folgende Annahmen gemacht:

- Anzahl der installierten Fernbusteilnehmer: 10
- Länge des Fernbuskabels: 1,2 km

2.10 INTERBUS-S-Übertragungszeiten

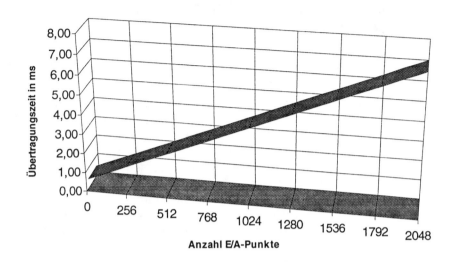

Bild 2-28: INTERBUS-S-Übertragungszeit

Durch diesen berechenbaren, linearen Verlauf der INTERBUS-S-Übertragungszeit ergeben sich in der Praxis erhebliche Vorteile. Da die Zeit bekannt und konstant ist, kann sie bei Steuerungs- und Regelungsabläufen berücksichtigt werden. Außerdem kann das Gesamtsystem besser auf die Leistungsfähigkeit der überlagerten Steuerung abgestimmt werden, indem bei Bedarf für schnell ablaufende Vorgänge eine separate Controllerkarte eingesetzt wird.

3 Das hybride Datenzugriffsverfahren des INTERBUS-S

INTERBUS-S ist optimiert für die Signalübertragung im Sensor-/Aktorbereich. In diesem Anwendungsgebiet findet man die verschiedensten Ein-/Ausgabegeräte. Das Spektrum reicht von Geräten, die nur sehr wenige Informationen verarbeiten (Ventile, Schütze, Schalter, Lampen usw.) bis zu Geräten, die größere Datenmengen mit dem überlagerten Steuerungssystem austauschen (Bedien- und Anzeigegeräte, Frequenzumrichter, Regler ...). Diese Vielzahl von Komponenten kann aus der Sicht der Datenübertragung in zwei Klassen unterteilt werden. Zum einen sind dies Geräte, die Prozeßdaten verarbeiten, und zum anderen Geräte, die Parameterdaten verarbeiten. Ein Sensor-/Aktorbus muß in der Lage sein, beide Datenklassen effektiv zu übertragen.

Bei den Prozeßdaten handelt es sich um Zustandsinformationen (Soll- und Istwerte) wie z.B. Motordrehzahl, Schalterstellungen, Start-/Stop-Befehle usw. Sie wirken in der Regel direkt auf den Prozeß. Prozeßdaten sind dadurch gekennzeichnet, daß sie schnell und zyklisch zwischen der steuernden/regelnden Einheit und den Sensoren und Aktoren ausgetauscht werden.

In typischen Applikationen werden die aktuellen Sensorsignale eingelesen und miteinander verknüpft. In Abhängigkeit vom Verknüpfungsergebnis werden anschließend Ausgänge gesetzt. Dieser Vorgang wird zyklisch wiederholt. Ein Maß für die Güte ist dabei die Geschwindigkeit (Zykluszeit), mit der dies geschieht. Aus der Verarbeitungsgeschwindigkeit und den geforderten Reaktionszeiten der Applikation ergeben sich Forderungen an die Übertragungsgeschwindigkeit des Bussystems.

Ein weiteres Kennzeichen der Prozeßdaten ist ihr Informationsgehalt. Er beträgt nur wenige Bits, beispielsweise wird von oder zu einem Ventil nur die Information 1 = auf oder 0 = zu übertragen. Ein Analogwert wird über ein Bussystem entsprechend der geforderten Genauigkeit als ein Wert mit 8, 12, 16 oder 32 Bit übertragen.

Tritt während der Übertragung von Prozeßdaten ein Fehler auf, so wird dies vom System erkannt. Durch das verwendete Datensicherungsverfahren ist es bei INTERBUS-S theoretisch möglich, bestimmte Fehler zu korrigieren, wozu jedoch eine gewisse Zeit benötigt würde. Die INTERBUS-S-Datenübertragung ist geschwindigkeitsoptimiert. Deshalb wird ein fehlerhafter Datenzyklus verworfen und statt einer Fehlerkorrektur ein neuer Datenzyklus gestartet.

Bei den <u>Parameterdaten</u> handelt es sich um Datenblöcke wie z.B. Initialisierungsdaten für Bedien- und Anzeigegeräte oder Frequenzumrichter. Parameterdaten werden im Gegensatz zu den Prozeßdaten nur bei Bedarf über den Bus übertragen.

In realen Anwendungen geschieht die Parameterdatenübertragung häufig in der Anlaufphase von Maschinen und Anlagen, bei Umstellungen von Produktionseinrichtungen oder im Fehlerfall. Die Parameterdaten sind einmalige Daten, deshalb muß das Bussystem sicherstellen, daß die Daten unverändert in der richtigen Reihenfolge übertragen werden. Eine Störung der Datenübertragung führt in diesem Fall zu einer Wiederholung.

Die Anforderungen an die Übertragungsgeschwindigkeit von Parameterdaten sind im allgemeinen niedriger als bei den Prozeßdaten, da die Parameterdaten nicht direkt auf die Ein- und Ausgänge wirken. Die Anforderungen liegen bei typischen Anwendungen im Bereich > 10 ms.

Die Informationsmengen bei den Parameterdaten reichen im Sensor-/Aktorbereich von wenigen Bytes bis zu einigen hundert Bytes je Datensatz.

Für die Übertragung von Prozeßdaten eignet sich besonders das Summenrahmenverfahren. Soll das Summenrahmenverfahren für die Übertragung von Parameterdaten genutzt werden, kann die Rahmenlänge in der Projektierungsphase auf die maximal zu übertragende Informationsmenge festgelegt werden. Dadurch verlängert sich die Buszykluszeit. Dies hat besonders für die Übertragung von Prozeßdaten negative Auswirkungen, da dann der Forderung nach kurzen Übertragungszeiten nicht entsprochen werden kann. Außerdem sinkt bei diesem Verfahren die Effektivität des Systems. Die Parameterdatenübertragung erfolgt bedarfsorientiert, so daß bei diesem Mechanismus die meiste Zeit Füll-Daten statt Nutzdaten im Ring liegen.

Eine Möglichkeit, mit dem Summenrahmenverfahren nur Nutzdaten zu übertragen, ist die dynamische Anpassung an die zu übertragende Datenmenge. Neben dem erhöhten Verwaltungsaufwand geht damit jedoch die für regelungstechnische Anwendungen geforderte Zeitäquidistanz verloren.

Für die Übertragung von bedarfsorientierten Parameterdaten bietet das nachrichtenorientierte Verfahren Vorteile. Mit ihm können effektiv größere Datenmengen zwischen wenigen Teilnehmern ausgetauscht werden. Das nachrichtenorientierte Verfahren stößt an seine Grenzen, wenn in einem Bus mit vielen Teilnehmern, die jedoch jeder für sich nur wenige Informationen verarbeiten, Daten ausgetauscht werden sollen.

Aus der Sicht der Anwender ist es aus wirtschaftlichen Gründen nicht tragbar, im Sensor-/Aktorbereich zwei unterschiedliche Bussysteme für die Übertragung von Prozeß- und Parameterdaten parallel einzusetzen, da sonst z. B. der Aufwand für Ausbildung und Lagerhaltung zu groß würde. INTERBUS-S verwendet daher ein hybrides Übertragungsverfahren. Das INTERBUS-S-Übertragungsverfahren stellt eine Symbiose zwischen dem reinen Summenrahmenverfahren und dem nachrichtenorientierten Verfahren dar.

Die Basis für das INTERBUS-S-Protokoll bildet das Summenrahmenverfahren. INTERBUS-S nutzt die Vorteile des Summenrahmenprotokoll zur Übertragung von Prozeßdaten. Zur Übertragung von Parameterdaten werden im Protokollrahmen an bestimmten Stellen "Lücken" gelassen. Sie befinden sich an den Stellen, an denen Teilnehmer angesprochen werden die Parameterdaten austauschen. In diese Lücken werden bei Bedarf Parameterdaten eingefügt.

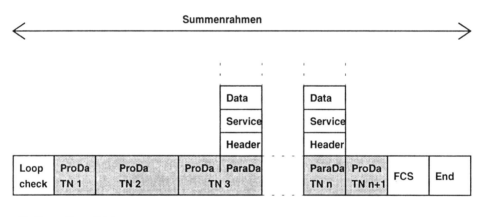

Bild 3-1: Das INTERBUS-S-Übertragungsprotokoll

Zur Übertragung von Parameterdaten wird ein zu übertragender Parameterblock in einzelne Teile zerlegt, wobei ein Teil genau so groß ist wie die vorher definierte Lücke. Der zerlegte Parametersatz wird dann scheibchenweise Zyklus für Zyklus übertragen und beim Empfänger wieder zusammengesetzt. Damit gehen die Parameterdaten in die Zykluszeitberechnung lediglich wie ein entsprechend großer Prozeßdatenteilnehmer ein.

Die Zerlegung der Parameterdaten in einzelne Blöcke und das anschließende Zusammensetzen übernimmt beim INTERBUS-S das Peripherals Communication Protocol (PCP).

Das hybride Zugriffsverfahren des INTERBUS-S bietet den entscheidenden Vorteil, daß beide Datenklassen nebeneinander übertragen werden können, ohne daß sie sich gegenseitig beeinflussen. D.h. auch wenn ein größerer Parametersatz übermittelt wird, bleibt die Deterministik und die Zeitäquidistanz bei der Übermittlung der Prozeßdaten erhalten. Dies gilt unabhängig davon, ob in einem Zyklus Parameterdaten übertragen werden oder nicht.

Durch diese Verfahren ist sichergestellt, daß in zeitkritischen Anwendungen Prozeßdaten weiter eingelesen und ausgegeben werden, auch wenn parallel Parameterdaten übertragen werden.

3.1 Die Struktur des INTERBUS-S-Systems

3.1.1 INTERBUS-S im ISO/OSI-Kommunikationsmodell

Der Aufbau des INTERBUS-S-Protokolls orientiert sich am OSI-Referenzmodell (ISO 7498). Ziel der Spezifikation des INTERBUS-S-Protokolls war es, den Funktionsumfang auf die Anforderungen der Applikationen im Sensor-/Aktorbereich zu optimieren. Dazu gehören im besonderen die hohen Anforderungen an die Übertragungsgeschwindigkeit der Prozeßdaten sowie die gleichzeitige Übertragung von Parameterdaten ohne gegenseitige Beeinflussung der beiden Datenklassen.

| (7) Anwendung |
| (6) Darstellung |
| (5) Sitzung |
| (4) Transport |
| (3) Vermittlung |
| (2) Sicherung |
| (1) Bit-Übertragung |

Bild 3-2: Das ISO/OSI-Referenzmodell

Schicht 1 (Bit-Übertragung)

In der untersten Schicht werden die physikalischen Einrichtungen beschrieben, mit denen die einzelnen Feldgeräte untereinander verbunden sind bzw. das Übertragungsmedium selbst.

Schicht 2 (Sicherung)

Von dieser Schicht wird die Datensicherung während der Datenübertragung übernommen. Außerdem wird hier die Art und Weise beschrieben, mit der die Daten übertragen werden. Schicht 2 wird auch Protokoll-Schicht genannt.

Schicht 3 (Vermittlung)

Mit Hilfe der Schicht 3 werden Verbindungen zwischen zwei Teilnehmern verwaltet.

Schicht 4 (Transport)

Schicht 4 führt den Datentransport zwischen den Teilnehmern durch.

3.1 Die Struktur des INTERBUS-S-Systems

Schicht 5 (Kommunikationssteuerung)

> Diese Schicht kontrolliert die Daten in bezug auf die Adressierung und deren Neuaufbau im Fehlerfall.

Schicht 6 (Darstellung)

> In dieser Schicht wird der Datensatz oder der verwendete Datencode beschrieben, in dem die Daten dargestellt werden.

Schicht 7 (Anwendung)

> Schicht 7 ist die Verbindung zwischen Anwendung und Kommunikationsvorgang.

INTERBUS-S wurde entsprechend den Anforderungen an ein Bussystem im Sensor-/Aktorbereich optimiert, was zur Ausbildung von lediglich drei Schichten führte:

> Schicht 1 Bit-Übertragung   (Physical Layer)
>
> Schicht 2 Sicherung   (Data Link Layer)
>
> Schicht 7 Anwendung   (Application Layer).

Die Schichten 3 bis 6 wurden aus Effizienzgründen nicht explizit ausgebildet und bestimmte Funktionalitäten (Lower Layer Interface, LLI) statt dessen zur Anwendungsschicht hinzugenommen.

Um die Datenübertragung noch effektiver zu gestalten, besitzt INTERBUS-S zwei voneinander unabhängige Datenübertragungskanäle, den Prozeßdatenkanal und den Parameterdatenkanal. Diese Struktur kann in allen Teilnehmern realisiert sein. Es ist für einen Teilnehmer jedoch nicht zwingend vorgeschrieben, beide Datenübertragungskanäle zu unterstützen, d. h. die Leistungsfähigkeit der Busschnittstelle kann optimal an die Funktionalität des jeweiligen Gerätes angepaßt werden.

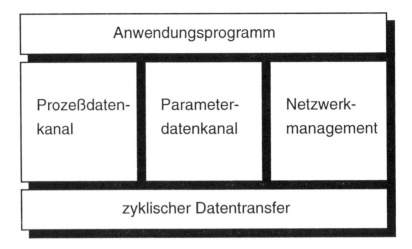

Bild 3-3 : Der Prozeß- und der Parameterdatenkanal im INTERBUS-S

3.1.2 Der Prozeßdatenkanal

Der Prozeßdatenkanal (Process Data Transport, PDT) erlaubt den direkten Zugriff auf die zyklisch übertragenen Prozeßdaten. Er zeichnet sich durch eine sehr schnelle und effiziente Übertragung von prozeßrelevanten Daten aus. Die Daten sind gekennzeichnet durch eine einfache Struktur sowie eine hohe Dynamik und hohe Aktualität.

Über diesen Kanal wird dem Anwendungsprogramm ein aktuelles Abbild der Eingangszustände zur Verfügung gestellt. Auf diese Istwerte kann vom Anwendungsprogramm direkt zugegriffen werden.

Vergleicht man aus der Sicht eines Programmierers den Zugriff auf Prozeßdaten, die über INTERBUS-S übertragen werden, mit dem Zugriff auf Daten paralleler Eingabekarten, kann man keinen prinzipiellen Unterschied erkennen.

3.1 Die Struktur des INTERBUS-S-Systems

Die Übertragung der Ausgangsdaten erfolgt in ähnlicher Weise. Das Anwendungsprogramm hinterlegt die Sollwerte in einem bestimmten Speicherbereich, von wo sie über den Prozeßdatenkanal an die physikalischen Ausgänge übertragen werden.

3.1.3 Der Parameterdatenkanal

Parallel zum Prozeßdatenkanal bietet INTERBUS-S den Parameterdatenkanal. Er dient zur azyklischen Übertragung von komplexen Datenstrukturen zwischen zwei Teilnehmern.

Die im Parameterdatenkanal übertragenen Informationen zeichnen sich durch eine geringere Dynamik aus und treten vergleichsweise selten auf (z. B. Aktualisieren von Texten auf einer Anzeige).

Der Zugriff auf die Daten erfolgt über Dienste (Services) die die Schicht 7 (Peripherals Message Specification, PMS) zur Verfügung stellt.

3.1.4 Das Netzwerkmanagement

Das Netzwerkmanagement dient zur herstellerunabhängigen Projektierung, Wartung und Inbetriebnahme des INTERBUS-S-Systems. Dazu gibt es vier Gruppen von Diensten, die entweder auf den Teilnehmer selbst (local) oder auf andere Teilnehmer (remote) wirken.

Das Netzwerkmanagement kann funktional in die folgenden Gruppen aufgeteilt werden:

- System Management
- Context Management
- Configuration Management
- Fault Management

Als System Management werden Funktionen bezeichnet, die im direkten Zusammenhang mit der Bitübertragung oder der physikalischen Konfiguration des Busses stehen. Dazu gehören z.B.

- Starten / Stoppen von INTERBUS-S-Zyklen
- System Reset
- Schalten von Bus-Segmenten
- Überprüfung der Konfiguration

Die drei weiteren Managementgruppen gelten nur für den Parameterkanal.

Die Funktionen des Context Management ermöglichen es, logische Verbindungen zwischen zwei Teilnehmern über den Parameterdatenkanal auf- und abzubauen.

Mit Hilfe der Funktionen des Configuration Managements werden einzelne Teilnehmer über PCP-Dienste konfiguriert.

Die Funktionen des Fault Managements dienen dazu, Fehler oder Ereignisse der PCP-Kommunikationskomponenten anzuzeigen.

3.2 Die Elemente des Peripherals Communication Protocol (PCP)

Um eine eindeutige und herstellerunabhängige Datenübertragung sicherzustellen, müssen Regeln für die Art und Weise des Datenaustausches festgelegt werden. Die Datenübertragung über den Parameterdatenkanal erfolgt beim INTERBUS-S mit Hilfe des Peripherals Communication Protocol PCP.

3.2 Die Elemente des Peripherals Communication Protocol (PCP)

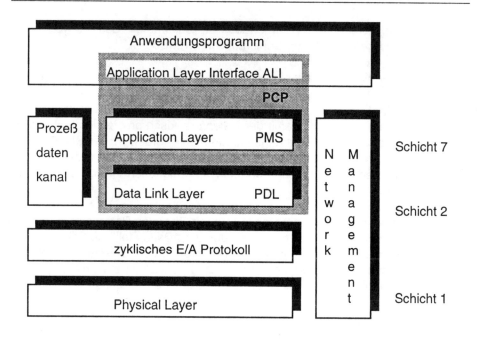

Bild 3-4: Die Struktur des Peripheral Communication Protocol PCP

Das Peripherals Communication Protocol kann in funktionale Einheiten aufgetrennt werden. Es setzt sich aus den folgenden Komponenten zusammen:

- Application Layer Interface   (ALI)
- Peripherals Message Specification (PMS)
- Peripherals Data Link   (PDL)

3.2.1 Das Application Layer Interface (ALI)

Das Application Layer Interface (ALI) ist die Schnittstelle zwischen der realen Anwendung und der Anwendungsschicht (Schicht 7) von INTERBUS-S. Sie stellt eine Art INTERBUS-S-Treiber dar, über den der Zugriff auf die PMS-Dienste erfolgt. Das Application Layer Interface ist Bestandteil des Anwendungsprogramms und gehört nicht zur Schicht 7 von INTERBUS-S.

INTERBUS-S verfolgt den Gedanken der offenen Kommunikation, d. h. in einem INTERBUS-S-Netzwerk kommunizieren Geräte miteinander, die untereinander in der Regel in der Gerätefunktionalität nicht kompatibel sind und von unterschiedlichen Herstellern stammen. Damit der Datenaustausch problemlos funktioniert, sind umfangreiche Standardisierungsmaßnahmen erforderlich. Die Standardisierung bezieht sich dabei aber lediglich auf die Art und Weise des Datenaustausches. Die Bedeutung der übertragenen Informationen ist von der Anwendung abhängig.

INTERBUS-S erlaubt es, nach bestimmten Regeln über den Parameterdatenkanal auf Objekte anderer PCP-Teilnehmer zuzugreifen. Dazu stellt die Schicht 7 von INTERBUS-S Dienste zur Verfügung. Als Dienste werden Operationen auf Objekte einer bestimmten Klasse bezeichnet. Ein Meßwert ist z. B. ein Objekt der Klasse der Variablen. Diese Klasse erlaubt die Dienste Read und Write.

Das ALI hat die Aufgabe, dem Anwendungsprozeß die in der Anwendungsschicht (PMS) definierten Dienste zur Verfügung zu stellen. Das ALI bildet dazu die lokal verfügbaren Prozeßobjekte auf Kommunikationsobjekte ab, die über INTERBUS-S erreicht werden können. Aus der Sicht der Kommunikation übernimmt das ALI die Aufgabe eines Dienstanforderers (Client). Die Aufgabe eines Diensterbringers (Server) wird über das Modell des virtuellen Feldgerätes (Virtual Field Device) beschrieben.

3.2.2 Modell der virtuellen Feldgeräte (VFD)

Das Modell des virtuellen Feldgerätes beschreibt ein reales Gerät aus der Sicht der Kommunikation.

In einem realen Gerät existieren sogenannte Prozeßobjekte. Als Prozeßobjekte wird die Gesamtheit der Daten eines Anwendungsprozesses (z. B. Meßwerte, Programme oder Ereignisse) bezeichnet. Ziel der Kommunikation ist es, zwischen Kommunikationspartnern Informationen über die Prozeßobjekte auszutauschen.

3.2 Die Elemente des Peripherals Communication Protocol (PCP)

Um es zwei Anwendungsprozessen auf unterschiedlichen Geräten zu ermöglichen, Prozeßobjekte miteinander auszutauschen, müssen die Prozeßdaten dem INTERBUS-S als Kommunikationsdaten bekannt gemacht werden. Dazu werden die Prozeßobjekte in das sogenannte Objektverzeichnis als Kommunikationsobjekte eingetragen. Das Objektverzeichnis ist eine standardisierte Liste, in der die Kommunikationsobjekte mit ihren Eigenschaften eingetragen sind.

Um einen reibungslosen Datenaustausch im Netz sicherzustellen, müssen neben einem Objektverzeichnis, das jedem zugänglich (öffentlich) ist, noch weitere Dinge standardisiert werden. Dazu gehören standardisierte Gerätemerkmale, z. B. Herstellername oder herstellerübergreifend festgelegte Gerätefunktionen, einheitliche Dienste und identische Schnittstellen. Mit diesen Festlegungen wird eine geschlossene und herstellerunabhängige Darstellung eines realen Gerätes aus der Sicht des Kommunikationssystems erreicht. Diese einheitliche Darstellungsform wird als virtuelles Feldgerät (Virtual Field Device, VFD) bezeichnet.

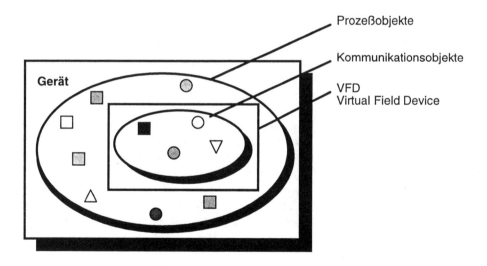

Bild 3-5: Prozeß- und Kommunikationsobjekte

Das Application Layer Interface übernimmt die Aufgabe, das virtuelle Feldgerät (VFD) auf das reale Feldgerät abzubilden.

3.2.3 Peripherals Message Specification (PMS)

In einem Automatisierungsverbund ist es eine wichtige Anwenderforderung, den vertikalen Informationsaustausch zwischen Netzwerken verschiedener Leistungsklassen so einfach und damit so kostengünstig wie möglich zu gestalten. Eine zwingende Voraussetzung dafür ist eine herstellerübergreifende einheitliche Behandlung der Kommunikationsdaten und -Befehle in allen Netzen mit möglichst identischem Aufbau von Dienst- und Parameterstrukturen.

Für die serielle Übertragung von Daten hat sich eine Dienststruktur, wie sie in MMS (Manufacturing Message Specification) verwendet wird, durchgesetzt. Der Ursprung von MMS liegt in Netzwerken, die hierarchisch über dem INTERBUS-S, z. B. im Zellenbereich, angesiedelt sind. Entsprechend den Anforderungen an ein Netzwerk in dieser Ebene ist der Umfang und die Funktionalität der möglichen Dienste festgelegt worden.

An Netzwerke, die hierarchisch unterhalb von MMS liegen, gibt es andere Anforderungen. Dazu gehören z.B. eine kurze Zykluszeit oder einfache und kostengünstige Busankopplungen. Deshalb wurde bei INTERBUS-S der Umfang der Dienste entsprechend den Anforderungen im Sensor-/Aktorbereich gekürzt, wobei jedoch der prinzipielle Aufbau der Dienste beibehalten wurde. Damit lehnt sich die Schicht 7 von INTERBUS-S an den bestehenden internationalen Standard MMS an. Die Schicht 7 von INTERBUS-S wird als Peripherals Message Specification (PMS) bezeichnet.

Ein erstes Subset der MMS Dienste bildet die Schicht 7 für den Process Field Bus (Profibus, DIN 19 245). Bei INTERBUS-S wurde dieser Befehlsumfang noch einmal auf die Anforderungen im Sensor/Aktorbereich optimiert. Durch die Beschränkung auf die in der Sensor/Aktor Ebene notwendigen Dienste konnte in vielen Fällen eine Reduzierung der erforderlichen Parameter in einzelnen Diensten erreicht werden. Die Dienstaufrufe für FMS und PMS sind identisch. Lediglich die Übertragung über den Bus erfolgt mit unterschiedlichen Mechanismen.

Zusätzlich zur Reduzierung des Dienstumfangs ist für die Entwicklung realer Endgeräte eine Aufteilung aller Dienste in sogenannte

- obligatorische (mandatory) und
- optionale (optional)

3.2 Die Elemente des Peripherals Communication Protocol (PCP)

Dienste vorgesehen. Durch diese Einteilung ist es möglich, den Funktionsumfang der INTERBUS-S-Anschaltung auf die jeweilige Leistungsklasse des Feldgerätes durch Weglassen einzelner Dienste optimal anzupassen. Hierdurch muß ein einfaches Feldgerät nicht alle Dienste unterstützen, was sich in der Komplexität und im Preis der Anschaltung bemerkbar macht.

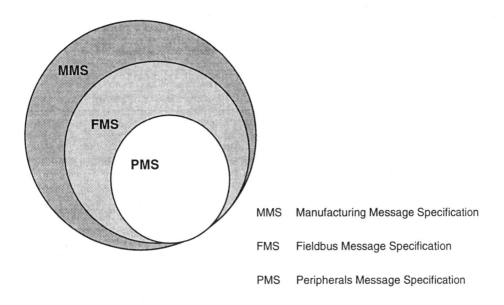

MMS   Manufacturing Message Specification

FMS   Fieldbus Message Specification

PMS   Peripherals Message Specification

Bild 3-6: PMS als Subset von MMS und FMS

Zusammen mit der Festlegung auf einheitliche Schichten 1 und 2 stellt die Definition standardisierter PMS-Dienste sicher, daß Geräte unterschiedlicher Hersteller in einem Netz betrieben werden können. Für den Anwender bedeutet dies, daß die Art und Weise, wie Informationen zwischen zwei Teilnehmern ausgetauscht werden, und die Dienststruktur immer gleich bleiben. Was sich ändert, ist lediglich die jeweilige Bedeutung der Daten.

3.2.4 Peripherals Data Link (PDL)

Die Peripherals Data Link Schicht definiert die Schnittstelle zwischen den höheren Schichten des INTERBUS-S-Systems und dem zyklischen INTERBUS-S-Protokoll. Hier sind Mechanismen definiert, wie die Parameterdaten über das Summenrahmenprotokoll übertragen werden.

Damit die INTERBUS-S-Übertragungszeiten durch die Parameterdatenkanäle nicht übermäßig verlängert werden, werden die Parameterdaten-Telegramme nicht in einem INTERBUS-S-Zyklus über entsprechend viele Schieberegister übertragen, sondern im Multiplexverfahren auf mehrere aufeinanderfolgende INTERBUS-S-Zyklen verteilt. Die für diese Übertragung reservierten Schieberegister werden als Telegrammsegmente bezeichnet. In der Standardausführung belegt ein Telegrammsegment 16 Bit im Schieberegister, und belastet daher die INTERBUS-S-Übertragungszeit wie 16 binäre Datenpunkte. Der Parameterdatenkanal erlaubt dabei das gleichzeitige Senden und Empfangen von Datensätzen (voll duplex).

Bei der Übertragung der Parameterdaten-Telegramme muß dafür gesorgt werden, daß sich die an der Kommunikation beteiligten Geräte miteinander während der Übertragung verständigen können. Dies ist besonders dann notwendig, wenn während der Telegrammübertragung Datenübertragungsfehler im Summenrahmenprotokoll erkannt werden. In diesem Fall muß dafür gesorgt werden, daß das fehlerhaft übertragene Datum verworfen und anschließend nochmals übertragen wird. Um diese Kommunikation zu ermöglichen, besteht das Telegrammsegment nicht nur aus einem Teil, über das die Telegrammdaten ausgetauscht werden (Datenteil), sondern hat zusätzlich noch ein Teil, über das Status- und Steuerinformationen übertragen werden (Codeteil). Ist für die Parameterdatenübertragung ein 16 Bit breites Telegrammsegment vorgesehen, so teilt sich das Telegrammsegment in zwei 8 Bit große Teile (Octets) auf, über die die Daten- und Code-Octets übertragen werden.

In das Daten-Octet wird in jedem INTERBUS-S-Zyklus ein Byte des Parameterdaten-Telegramms eingefügt. Ist dieses Telegramm z. B. 10 Byte lang, so werden 10 INTERBUS-S-Zyklen benötigt, um es komplett zu übertragen. Die Größe des Datensegments hängt im wesentlichen von der Implementierung der PCP-Software ab. Heutige Implementierungen lassen 1, 3 oder 7 Byte Breite des Datensegmentes zu. Das Codesegment ist jeweils 1 Byte groß. Bei einer Datensegmentgröße von 7 Byte kann ein 10 Byte langes Telegramm in 2 INTERBUS-S-Zyklen übertragen werden. Dadurch wird die Übertragung über den Parameterdatenkanal wesentlich beschleunigt, und es lassen sich so auch grö-

3.2 Die Elemente des Peripherals Communication Protocol (PCP)

ßere Datenmengen effektiv über INTERBUS-S übertragen. Dies wird dann benutzt, wenn häufig größere Datenmengen (z. B. Programme) zwischen zwei Teilnehmern ausgetauscht werden müssen.

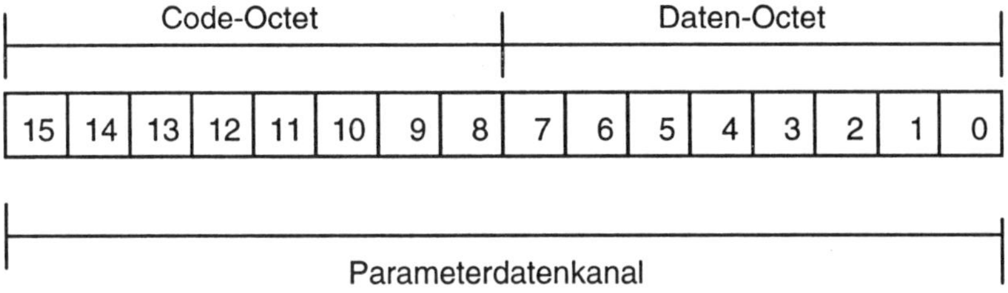

Code-Octet								Daten-Octet							
15	14	13	12	11	10	9	8	7	6	5	4	3	2	1	0

Parameterdatenkanal

Bild 3-7: Aufbau eines Telegrammsegments bei der Segmentgröße 1 Wort

Das Code-Octet ist in vier Bereiche unterteilt, über die verschiedene Statusinformationen ausgetauscht werden.

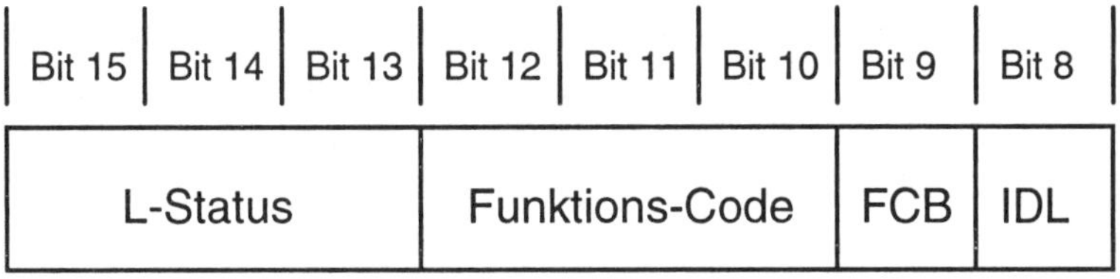

Bit 15	Bit 14	Bit 13	Bit 12	Bit 11	Bit 10	Bit 9	Bit 8
L-Status			Funktions-Code			FCB	IDL

IDL = Idle
FCB = Frame Count Bit
L-Status = Link-Status

Bild 3-8: Aufbau des Code-Octets

Mit Hilfe des IDL-Bit wird angezeigt, ob das Datensegment Daten enthält (1) oder nicht (0). Ist das IDL-Bit 0, so werden keine Parameterdaten-Telegramme übertragen. Dies wird als Idle-Zustand bezeichnet. Das Frame Count Bit (FCB) ist ein alternierendes Aufruffolgebit, mit dem die Übertragung der Daten überwacht wird. Es verhindert eine Vervielfachung von Daten im Fehlerfall. Sollte eine positive Quittung verloren gehen, wird das Telegramm erneut gesendet. Die Wiederholung wird daran erkannt, daß der Wert des FCB-Bits sich nicht geändert hat. Über den Funktionscode wird die Bedeutung der Daten im Datensegment codiert. Das L-Status Feld kennzeichnet den Status der PMS-Telegrammübertragung.

3.3 Die Arbeitsweise des Parameterdatenkanals

3.3.1 Das Client-Server-Modell

INTERBUS-S nutzt für die Datenübertragung das Master-Slave-Verfahren. Im gesamten Netzwerk gibt es dabei nur einen Master und bis zu 512 Slaves. Als Master bezeichnet man den Teilnehmer, der den Buszugriff aktiv koordiniert und steuert. Er sendet zu allen Teilnehmern Daten und empfängt gleichzeitig von diesen Daten. Der Master bildet zusätzlich die Schnittstelle zum überlagerten Host-System.

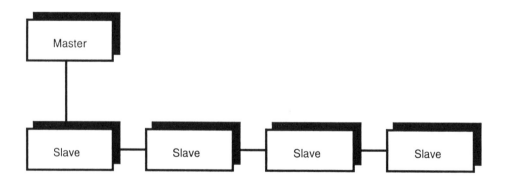

Bild 3-9: Der Master-Slave-Aufbau des INTERBUS-S

3.3 Die Arbeitsweise des Parameterdatenkanals

Die Teilnehmer, die über den Bus mit dem Master verbunden sind, werden als Slaves bezeichnet. Sie sind dadurch gekennzeichnet, daß sie nur dann auf den Bus zugreifen, wenn sie dazu aufgefordert wurden.

Das Master-Slave-Verfahren beschreibt das Buszugriffsverfahren. INTERBUS-S verwendet für den Austausch von Informationen dieses Buszugriffsverfahren, d.h. nur der Master kontrolliert die Datenübertragung. Hierfür verwendet INTERBUS-S die Ringstruktur, über die alle Daten wie in einem räumlich verteilten Schieberegister übertragen werden.

Die Parameterdaten werden über eine logische Punkt-zu-Punkt-Verbindung zwischen zwei Teilnehmern übertragen. Das Gedankenmodell für diese Art des Datenaustausches ist das Client-Server-Modell.

In einem Kommunikationsnetzwerk bezeichnet man die Teilnehmer als Client (Dienstanforderer), die an andere Teilnehmer die Aufforderung senden, bestimmte Dinge zu tun, z.B. das Programm zur Berechnung eines Meßwertes zu starten.

Als Server (Diensterbringer) in einem Kommunikationsnetz bezeichnet man die Teilnehmer, die auf Anforderung eines Clients Dienste ausführen.

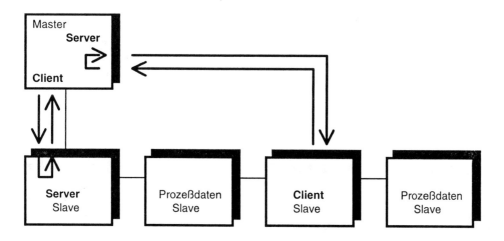

Bild 3-10: Das Client-Server-Modell ohne Querverkehr

In einem INTERBUS-S-Netzwerk können die Teilnehmer, die Informationen über den Parameterdatenkanal übertragen (Master und Slaves), sowohl Client- wie auch Server-Funktion übernehmen.

Bei INTERBUS-S wird zwischen einer Kommunikation mit und ohne Querverkehr unterschieden. Als Kommunikation ohne Querverkehr bezeichnet man eine Struktur, bei der ein Kommunikationsteilnehmer immer der Busmaster ist. Der Busmaster kann dabei sowohl Client- wie auch Server-Funktion übernehmen.

INTERBUS-S bietet darüberhinaus die Möglichkeit, Parameterdaten zwischen zwei Slaves zu übertragen (Querverkehr). Dabei können beide Slaves sowohl die Client- wie auch die Server-Funktion übernehmen. Dies ist eine einfache Möglichkeit, Informationen zwischen zwei Teilnehmern auszutauschen, ohne das Anwendungsprogramm in der überlagerten Steuerung zu belasten.

Der Datenaustausch erfolgt bei der Kommunikation mit Querverkehr nicht direkt. Die logische Verbindung zwischen den Teilnehmern wird durch die physikalische Master-Slave-Struktur realisiert. D. h. die Daten werden zunächst vom Client zum Master übertragen und von diesem dann an den Server weitergeleitet. Die Antwort des Servers wird ebenfalls über den Master transportiert. Dieser Umweg über den Master ist sowohl für die Slave- wie die Master-Anwendungen nicht sichtbar.

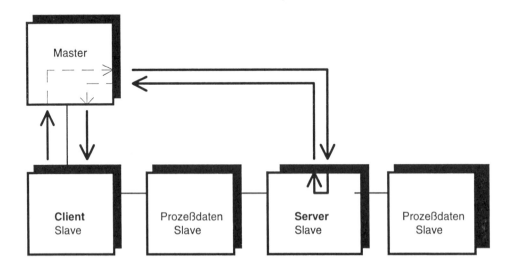

Bild 3-11: Das Client-Server-Modell mit Querverkehr

3.3.2 Die PCP-Dienstprimitiven

Für den Austausch von Parameterdaten verwendet INTERBUS-S die PCP-Dienste. Dabei werden im Client-Server-Modell für den Aufruf-Antwortmechanismus die folgenden Begriffe für einzelne Grundoperationen (Primitiven) benutzt:

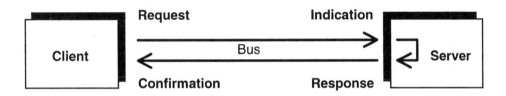

Bild 3-12: Die PCP-Dienstprimitiven

Fordert ein Client von einem Server z.B. über einen Lesebefehl einen Wert an, so wird dieser Dienst von der Anwendung des Clients als READ REQUEST zum Server abgeschickt. Der Server erhält diesen Befehl als READ INDICATION. Daraufhin stellt der Server den geforderten Wert zur Verfügung und übermittelt ihn als READ RESPONSE an den Client, wo er als READ CONFIRMATION eintrifft.

Request	Anforderung eines Dienstes durch den Dienstanforderer (Client)
Indication	Eingehende Meldung beim Diensterbringer (Server) über eine eingegangene Dienstanforderung
Response	Antwort des Diensterbringers (Server)
Confirmation	Bestätigung der Dienstanforderung beim Dienstanforderer (Client)

3.3.3 Bestätigte und unbestätigte Dienste

Bei der Ausführung eines PCP-Dienstes wird zwischen bestätigten Diensten (Confirmed Services) und unbestätigten Diensten (Unconfirmed Services) unterschieden.

Wie oben beschrieben gliedert sich ein PCP-Dienst in einzelne Grundoperationen (Primitiven) auf. Ein bestätigter Dienst zeichnet sich dadurch aus, daß ein Server auf eine Dienst-Indication mit einer Dienst-Response antwortet und ihn damit bestätigt. Bei einem unbestätigtem Dienst sendet der Client einen Dienst an einen Server, der aber auf diesen Dienst nicht mit einer Response reagiert. Ein Beispiel für einen unbestätigten Dienst ist der Abbau einer Verbindung (Abort).

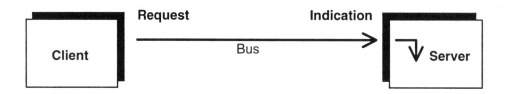

Bild 3-13: Unbestätigte Dienste (Unconfirmed Services)

3.3.4 Parallele Dienste

INTERBUS-S erlaubt es einem Client, mehrere Dienste gleichzeitig zu einem Server abzuschicken. Damit die Antworten immer dem richtigem Dienst zugeordnet werden, müssen diese sogenannten parallelen Dienste und die entsprechenden Antworten eindeutig gekennzeichnet werden. Die eindeutigen Auftragskennungen werden Invoke-Identifikation (Invoke ID) genannt.

In diesem Beispiel sendet ein Client unmittelbar hintereinander einen Lese- und einen Schreibdienst an den Server. Aufgrund interner Vorgänge im Server be-

3.3 Die Arbeitsweise des Parameterdatenkanals

stätigt er den Schreibdienst, bevor er den Lesedienst ausgeführt hat. Damit der Client die ankommenden Antworten zuordnen kann, sind die Antworten mit der Invoke ID gekennzeichnet.

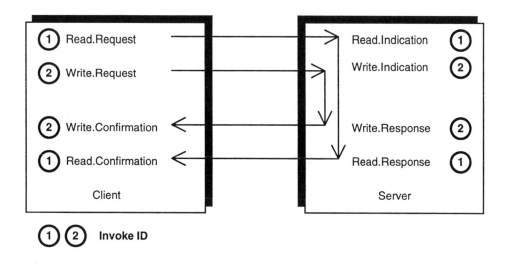

Bild 3-14: Parallele Dienste und Invoke-Identifikation (Invoke ID)

Parallele Dienste werden von heutigen Implementationen noch nicht unterstützt.

3.3.5 Gegenseitige Dienste

Besteht zwischen zwei Teilnehmern für den gegenseitigen Austausch von Informationen eine logische Verbindung (Kommunikationsbeziehung) können beide Teilnehmer sowohl Client- wie auch Server-Funktion übernehmen. Sind in dieser Kommunikationsbeziehung beide Teilnehmer zum selben Zeitpunkt sowohl Client wie auch Server, spricht man von gegenseitigen Diensten.

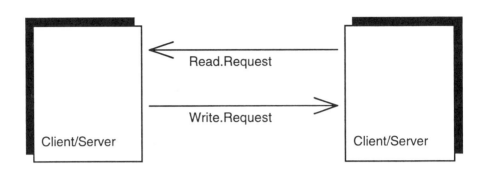

Bild 3-15: Gegenseitige Dienste

3.3.6 Arten von Kommunikationsbeziehungen

Als Kommunikationsbeziehung wird die logische Verbindung zwischen Anwendungsprozessen bezeichnet. Sie dient dazu, Informationen zwischen den Anwendungsprozessen auszutauschen.

In der Kommunikationstechnik werden unterschiedliche Arten von Kommunikationsbeziehungen unterschieden.

Bei einer ONE TO ONE Kommunikationsbeziehung kommuniziert ein Anwendungsprozeß mit genau einem anderen Anwendungsprozeß, d. h. Dienste, die ein Client abschickt, haben nur einen Adressaten.

Bei einer ONE TO MANY Kommunikationsbeziehung sendet ein Client einen Dienst parallel an mehrere Anwendungsprozesse. Diese Form des Datenaustausches wird auch als Multicast bezeichnet.

Unter einer ONE TO ALL Kommunikationsbeziehung versteht man das parallele Senden eines Dienstes an alle Anwendungsprozesse. Diese Form des Datenaustausches wird als Broadcast bezeichnet.

INTERBUS-S unterstützt über den Parameterdatenkanal die one to one Kommunikationsbeziehungen.

3.3 Die Arbeitsweise des Parameterdatenkanals

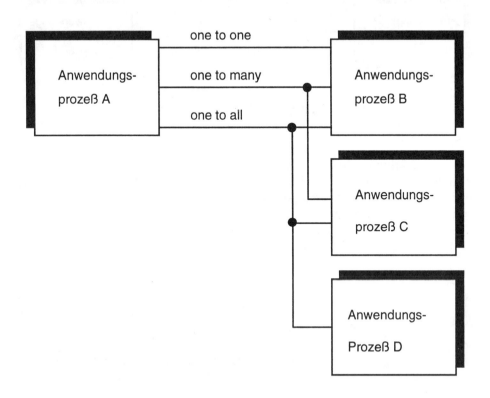

Bild 3-16: Typen der Kommunikationsbeziehungen

3.3.7 Die Kommunikationsreferenz

Eine Kommunikationsbeziehung beginnt bzw. endet bei INTERBUS-S an den Schnittstellen zwischen der Schicht 7 und der Anwendung. Diese Endpunkte sind mit einer internen Adresse gekennzeichnet, die als Kommunikationsreferenz (KR) bezeichnet wird.

Bild 3-17: Kommunikationsreferenzen (KR)

Ein Anwendungsprozeß kann gleichzeitig mehrere Kommunikationsbeziehungen zu unterschiedlichen Teilnehmern unterhalten. Dabei ist wichtig, daß eine Kommunikationsreferenz immer nur einer Kommunikationsbeziehung zugeordnet werden kann.

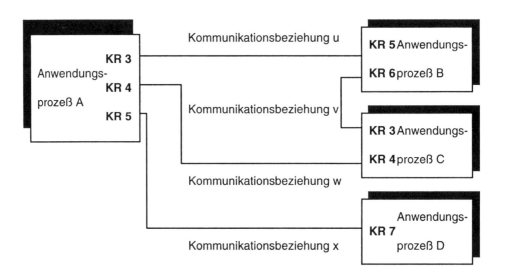

Bild 3-18: Mögliche Kommunikationsbeziehungen

Es ist möglich, daß zwei Kommunikationsteilnehmer maximal zwei Kommunikationsbeziehungen miteinander unterhalten. Eine Kommunikationsbeziehung dient dazu, Management-Dienste auszuführen und eine andere dient dazu, Daten auszutauschen.

3.3.8 Zugriffssicherungen

Sollen in einem Prozeß bestimmte Daten nur für eine eingeschränkte Gruppe oder für Einzelne zugänglich sein, ist es notwendig, diese Daten vor einem unberechtigtem Zugriff zu schützen. In realen Anwendungen kann es z. B. vorkommen, daß aus Sicherheitsgründen Grenzwerte in einer Anlage nur von speziell ausgebildetem Fachpersonal verändert werden dürfen und nicht von der Bedienmannschaft.

INTERBUS-S erlaubt es (optional), den Zugriff auf Kommunikationsobjekte für bestimmte Kommunikationspartner einzuschränken. Auf Kommunikationsobjekte kann in diesem Fall nur dann zugegriffen werden, wenn der Kommunikationsteilnehmer (Client) eine entsprechende Zugriffsberechtigung hat.

Die Informationen, welcher Zugriffsschutz für ein Kommunikationsobjekt besteht, sind in der Objektbeschreibung des jeweiligen Kommunikationsobjektes hinterlegt.

Die Überprüfung, ob der jeweilige Kommunikationspartner die entsprechenden Zugriffsrechte besitzt, erfolgt bei der Ausführung des Dienstes. INTERBUS-S unterscheidet zwei Schutzmechanismen:

Definition von Zugriffsgruppen

> Eine Gruppe von Kommunikationsteilnehmern kann über eine bestimmte Kennung zu einer Gruppe zusammengefaßt werden. Ein Client kann nur dann auf ein Kommunikationsobjekt zugreifen, wenn er Mitglied in mindestens einer der berechtigten Zugriffsgruppen ist.

Definition von Paßworten

> Ein Paßwort ist ein vom Benutzer definiertes Kennwort, das zum Zugriff auf das Kommunikationsobjekt berechtigt.

Weiterhin ist es möglich, differenzierte Rechte für bestimmte Dienste wie z. B. Lesen oder Schreiben auf einzelne Kommunikationsobjekte zu vergeben. Dadurch können für ein Kommunikationsobjekt z. B. folgende Vereinbarungen getroffen werden:

- Leserecht für alle Kommunikationspartner
- Schreibrecht nur für eine Zugriffsgruppe

3.4 Objekte beim INTERBUS-S

Eine Grundvoraussetzung für den einfachen Datenaustausch zwischen Geräten unterschiedlicher Hersteller ist die einheitliche und herstellerübergreifende Darstellung der zu übertragenden Daten. Dies wird bei INTERBUS-S unter anderem durch die in der Informatik weit verbreitete objektorientierte Betrachtungsweise realisiert.

Objekte sind Elemente, über die in einem Kommunikationssystem strukturiert Informationen ausgetauscht werden. Zu jedem Objekt gehören Attribute, die die Eigenschaften näher beschreiben. Als Attribute gelten z.B. der Name eines Kommunikationsobjektes oder dessen Datentyp (z.B. Gleitkommazahl). Objekte können zusätzlich zu Gruppen zusammengefaßt werden. Auf einzelne Objekte oder Gruppen von Objekten können über den Bus Operationen angewandt werden.

INTERBUS-S ist in Anlehnung an das ISO/OSI-Modell ein transparentes Nachrichtentransportsystem, d. h., der Inhalt einer Nachricht ist für das Transportsystem ohne Bedeutung. Aus der Kommunikationssicht ist es lediglich interessant, daß es sich um eine Nachricht für ein bestimmtes Objekt handelt. So wird sichergestellt, daß ein Hersteller komplexe Gerätefunktionen nach eigenen Vorstellungen in seinem Gerät realisieren kann (z. B. in einem Programm), ohne daß er hierbei durch das Bussystem eingeschränkt wird. INTERBUS-S legt lediglich den herstellerunabhängigen Zugang für einen anderen Anwendungsprozeß (z. B. Start des Programms) auf diese Gerätefunktion bzw. auf dieses Objekt fest.

Ein Gerät kann eine Vielzahl von Objekten besitzen. Die Eigenschaften dieser Objekte werden, soweit sie nur zur lokalen Verarbeitung bestimmt sind, von gerätespezifischen Erfordernissen bestimmt. Sollen diese Objekte in einem offenen Kommunikationssystem auch für andere Anwendungsprozesse zugänglich sein, müssen sie bestimmte herstellerübergreifende Mindesteigenschaften besitzen.

Damit aus der Gesamtheit von Objekten eines Gerätes (Prozeßobjekte) auf bestimmte Objekte (Kommunikationsobjekte) zugegriffen werden kann, müssen diese in ein Objektverzeichnis eingetragen werden (vergleichbar mit dem Eintrag in ein Telefonverzeichnis). Der Eintrag erfolgt nach fest vorgegebenen Strukturen. Erst durch den Eintragung in das Objektverzeichnis (OV) wird das Objekt für andere Anwendungsprozesse erreichbar.

3.4.1 Statische Kommunikationsobjekte

INTERBUS-S unterstützt statische Kommunikationsobjekte. Statische Kommunikationsobjekte unterscheiden sich von dynamischen Kommunikationsobjekten dadurch, daß sie vorprojektiert sind. Dynamische Kommunikationsobjekte werden während der Betriebszeit angelegt und können verändert und gelöscht werden.

Statische Kommunikationsobjekte werden in der Projektierungsphase festgelegt. Es wird davon ausgegangen, daß ihre Strukturen während der gesamten Betriebsdauer eines Gerätes stabil bleiben. Die Strukturen der statischen Kommunikationsobjekte können weder verändert noch gelöscht werden.

Statische Kommunikationsobjekte sind Variable vom Typ Simple-Variable, Array oder Record. Objekte, die dem Typ Simple-Variable angehören, bilden unteilbare Einheiten. Beispiele dafür sind z.B. Meßwerte, die Zeit oder der Status eines Gerätes. Jedes Objekt besitzt einen vordefinierten Typ, dessen unter Umständen vorhandene Teilelemente nicht einzeln angesprochen werden können.

Sind mehrere Objekte vom gleichen Typ Simple-Variable zusammengefaßt, spricht man von einem Objekt vom Typ Array. Auf jedes Element des Variablentyps Array kann einzeln zugegriffen werden. Ein Beispiel für ein Array ist eine Reihe gleichartiger Meßwerte.

Nicht gleich strukturierte Variablen vom Typ Simple-Variable können zu Records zusammengefaßt werden. Auf jedes Element des Variablentyps Record kann einzeln zugegriffen werden. Ein Beispiel für ein Record ist die Zusammenfassung von Daten in einem Meßprotokoll, in dem neben dem reinen Meßwert noch weitere Informationen wie z. B. der Meßzeitpunkt und die Umgebungsbedingungen zum Zeitpunkt der Messung festgehalten sind.

Ein Objekt vom Typ Variable-List ist eine Zusammenstellung von statischen Kommunikationsobjekten vom Typ Variable. Es wird bei der Projektierung eines OV's angelegt.

Eine Program-Invocation beschreibt bei INTERBUS-S die vorprojektierte Zusammenfassung von Domains zu einem ablauffähigen Programm.

3.4.2 Das INTERBUS-S-Objektverzeichnis

INTERBUS-S nutzt für die Datenübertragung über den Parameterdatenkanal die objektorientierte Arbeitsweise. In der Anlauf- oder Projektierungsphase werden dazu Kommunikationsobjekte festgelegt. Dies geschieht durch den Eintrag eines Prozeßobjektes in das Objektverzeichnis. Durch den Eintrag wird aus dem Prozeßobjekt ein Kommunikationsobjekt, dessen Bedeutung und Struktur dadurch anderen Anwendungsprozessen bekannt gemacht wird.

Der Aufbau des Objektverzeichnisses ist eindeutig definiert. Diese Festlegung stellt den herstellerunabhängigen Datenaustausch über INTERBUS-S sicher, sie stellt für den Anwender keine Vorschrift zur Implementierung dar.

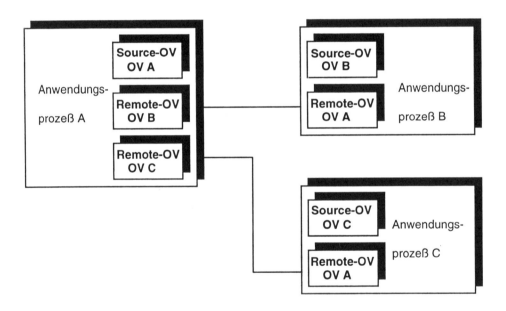

Bild 3-19: Source- und Remote-OV

Jeder INTERBUS-S-Teilnehmer, der über den Parameterdatenkanal Informationen austauschen möchte, besitzt ein eigenes Objektverzeichnis (Source-OV). Die Kommunikationspartner können sich bei Bedarf eine komplette oder teilweise Kopien der Objektverzeichnisse ihrer Kommunikationspartner anlegen (Remote-OV). Damit hat jeder Teilnehmer, der über den Parameterdatenkanal Informationen austauscht ein Source-OV, das ein Verzeichnis seiner eigenen Objekte darstellt, und ggf. ein oder mehrere Remote-OVs. Das Auslesen von Objektverzeichnissen erfolgt über den Bus mit bestimmten Managementdiensten.

3.4.3 Aufbau des Objektverzeichnisses

Das Objektverzeichnis bei INTERBUS-S besitzt eine Struktur, die sich an FMS (DIN 19 245) anlehnt. Das Objektverzeichnis kann aus bis zu 5 Unterverzeichnissen bestehen, von denen einige optional sind. Jedes der Unterverzeichnisse enthält Objektbeschreibungen einer bestimmten Klasse von Kommunikationsobjekten.

Index	Objektbeschreibung
0	OV-Header
1...i	Statisches Datentyp- und Datenstrukturverzeichnis (optional)
k...n	Statisches Objektverzeichnis (optional)
p...t	Variablenlisten-Verzeichnis (optional)
v...z	Statisches Program-Invocation-Verzeichnis (optional)

Bild 3-20: Aufbau des Objektverzeichnisses

Alle Objektbeschreibungen sind im Objektverzeichnis abgelegt. Die Art und Weise, wie dies geschieht, ist in einer für das jeweilige Unterverzeichnis festen Struktur definiert.

Jeder Eintrag in das Objektverzeichnis besitzt eine eindeutige Adresse, einen sogenannten Index. Der Index ist eine Art von logischer Kurzadresse. Unter dieser Adresse kann jede Objektbeschreibung von einem anderen Kommunikationsteilnehmer angesprochen werden. Die Beschreibung eines Objektes enthält unter anderem den Index, den Datentyp und ggf. die Länge des Objekts. Sollen über den Bus Nutzdaten ausgetauscht werden, reicht im Dienstauftrag der Index zur eindeutigen Kennzeichnung des gewünschten Kommunikationsobjektes.

Unter dem Index 0 sind an erster Stelle im Objektverzeichnis Verwaltungs- und Strukturinformationen abgelegt. Unter dieser Adresse kann von anderen Anwendungsprozessen der sogenannte OV-Header ausgelesen werden.

Ist keines der optionalen Verzeichnisse angelegt, liegt ein leeres Objektverzeichnis vor. Ein solcher Kommunikationsteilnehmer unterstützt in der Regel nur Client-Funktionen mit Ausnahme der Dienste Get-OV und Identify.

3.4.3.1 Das statische Datentyp- und Datenstrukturverzeichnis

Das statische Datentyp- und Datenstrukturverzeichnis enthält Beschreibungen von Datentypen und Datenstrukturen, die von den Objekten im statischen Objektverzeichnis genutzt werden. Die Beschreibung der Datentypen und -Datenstrukturen wird in der Anlauf- und Projektierungsphase festgelegt und kann während der Laufzeit nicht verändert oder gelöscht werden.

Das statische Datentyp- und Datenstrukturverzeichnis beginnt fest mit dem Index 1 im Objektverzeichnis. Die weiteren Objektbeschreibungen folgen mit aufsteigendem Index. Die Anzahl der Einträge in diesem Unterverzeichnis wird als Längenangabe für das statische Datentyp- und Datenstrukturverzeichnis im OV-Header angegeben.

Das statische Datentyp- und Datenstrukturverzeichnis gliedert sich in zwei Teile. Der erste Teil enthält die Beschreibung von standardisierten PMS-Datentypen. Im zweiten Teil sind individuell festgelegte Datentypen und Strukturen beschrieben. Sie erlauben einen optimierten Zugriff auf gerätespezifische Informationen.

Index	Obj. Code	Standardisierte PMS Datentypen
1	Datentyp	Boolean
2	Datentyp	Integer 8
3	Datentyp	Integer 16
4	Datentyp	Integer 32
5	Datentyp	Unsigned 8
6	Datentyp	Unsigned 16
7	Datentyp	Unsigned 32
8	Datentyp	Floating - Point
9	Datentyp	Visible String
10	Datentyp	Octet - String
11	Datentyp	Date
12	Datentyp	Time - Of - Day
13	Datentyp	Time - Difference
14	Datentyp	Bit - String

Index	Obj. Code	Frei definierte Datentypen und Strukturen
15...	TypStruk	individuell definiert

Bild 3-21: Aufbau des statischen Datentyp- und Datenstrukturverzeichnisses

3.4.3.2 Das statische Objektverzeichnis

Das statische Objektverzeichnis enthält die Objektbeschreibungen vom Typ Simple-Variable, Arrays und Records. Die Einträge in dieses Objektverzeichnis werden in der Projektierungs- oder Anlaufphase vorgenommen und können während der Betriebszeit des Netzes nicht verändert oder gelöscht werden.

Jedem Eintrag im statischen Objektverzeichnis ist ein eindeutiger Index zugeordnet. Die Indizes werden in aufsteigender Reihenfolge vergeben. Die Nummer des ersten Index in diesem Unterverzeichnis wird mit der Anzahl der Indizes in diesem Unterverzeichnis in den OV-Header eingetragen.

Zusätzlich zum Index kann ein Kommunikationsobjekt im statischen Objektverzeichnis mit einem symbolischen Namen gekennzeichnet sein. Die Länge der Symbolnamen kann 0 bis 11 Octets betragen. Die Längenangabe wird an entsprechender Stelle im OV-Header vermerkt. Steht an dieser Stelle im OV-Header eine 0, so werden keine Symbolnamen verwendet.

Index	Object Code	Datentyp Index	Länge	Passwort	Zugriffs- gruppe	Zugriffs- rechte	lokale Adresse	Symbol Name	Extension
110	Var	3 Integer 16	2	17	--	Read Write	A3E5 hex	Druck P1	--

Bild 3-22: Beispieleintrag im statischen Objektverzeichnis für Objekt Simple-Variable

Index	Object Code	Datentyp Index	Länge	Element anzahl	Passwort	Zugriffs- gruppe	Zugriffs- rechte	lokale Adresse	Symbol Name	Extension
121	Array	5 Unsign. 8	1	6	34	--	Read Write	A1B2 hex	Temperatur	--

Bild 3-23: Beispieleintrag im statischen Objektverzeichnis für Objekt Array

3.4.3.3 Das Variablenlisten-Verzeichnis

Das Variablenlisten-Verzeichnis enthält Beschreibungen von zusammengestellten Variablen (Simple Variable, Array, Record) wie sie im statischen Objektverzeichnis definiert wurden. Die Einträge in das Variablenlisten-Verzeichnis bestehen im wesentlichen aus einer Reihung von Indizes, die im statischen Objektverzeichnis festgelegt wurden.

Jeder Objektbeschreibung ist ein eindeutiger Index zugeordnet. Zur allgemeinen Kennzeichnung des Variablenlisten-Verzeichnisses werden im OV-Header der erste verwendete Index und die Anzahl der verwendeten Indizes eingetragen.

Ein Variablenlisten-Verzeichnis muß in einem Kommunikationsteilnehmer nicht unbedingt angelegt werden. Die Entscheidung darüber, ob es angelegt wird oder nicht, trifft der Gerätehersteller.

3.4.3.4 Das Program-Invocation-Verzeichnis

Das Program-Invocation-Verzeichnis enthält die Beschreibungen der Program-Invocation Objekte. Das Objekt Program-Invocation ist eine Zusammenfassung von Domains zu einem ablauffähigen Programm. Bei INTERBUS-S sind diese Einträge statisch, d. h. sie sind fest vorprojektiert und können zur Laufzeit nicht verändert oder gelöscht werden.

Jeder Objektbeschreibung im Program-Invocation-Verzeichnis ist ein eindeutiger Index zugeordnet. Im OV-Header werden der erste verwendete Index und die Anzahl der verwendeten Indizes an der dafür vorgesehenen Stelle eingetragen.

3.4.3.5 Der OV-Header

Die Struktur des kompletten Objektverzeichnisses ist im OV-Header beschrieben. Der OV-Header steht an erster Stelle des Objektverzeichnisses und hat daher immer den Index 0 im Objektverzeichnis. Durch den Zugriff auf den OV-Header steht einem Anwendungsprozeß die Information über den Aufbau und die Version des gesamten Objektverzeichnisses zur Verfügung.

Der OV-Header hat den folgenden Aufbau:

Tabelle 3-1: Elemente des OV-Headers

Index
RAM/ROM-Flag
Name-Length
Access-Protection-Supported
Version-OV
Local-Address-OV-Header
ST-OV-Length (Statisches Datentyp- und Strukturverzeichnis)
Local-Address ST-OV
First-Index-S-OV (Statisches Objektverzeichnis)
S-OV-Length
Local-Address-S-OV
First-Index-DV-OV (Variablenlisten-Verzeichnis)
DV-OV-Length
Local-Address-DV-OV
First-Index-P-OV (Program-Invocation-Verzeichnis)
P-OV-Length
Local-Address-P-OV

Index

    Der Index ist die logische Kurzadresse des OV-Headers. Er hat immer den Wert 0. Über den Index kann eindeutig auf ein Objekt zugegriffen werden.

3.4 Objekte beim INTERBUS-S

RAM/ROM-Flag

> Dieses Flag gibt darüber Auskunft, ob im Objektverzeichnis Änderungen zugelassen sind. Ist der Wert 0 (False), sind keine Änderungen zugelassen. Bei Werten ungleich 0 (True) sind Änderungen erlaubt.

Name-Length

> In diesem Feld wird die Länge der symbolischen Namen festgelegt. Die Werte können im Bereich von 0 - 11 liegen. Ist der Wert 0 angegeben, werden keine Symbolnamen verwendet. Symbolnamen sind neben den Indizes die zweite Möglichkeit, Objekte eindeutig zu kennzeichen und darüber auf sie zuzugreifen.

Access-Protection-Supported

> Dieses Attribut enthält Informationen über Zugriffsrechte. Nimmt dieser Wert den Wert True an, wird eine Zugriffsüberprüfung für Paßwort, Zugriffsgruppe und alle Kommunikationspartner unterstützt. Ist der Wert False, findet keine Zugriffsüberprüfung statt, womit jeder Kommunikationsteilnehmer auf alle Objekte zugreifen kann.

Version-OV

> An dieser Stelle ist die Information über die Version des Objektverzeichnisses hinterlegt.

Local-Address OV-Header

> An dieser Stelle kann optional ein systemspezifischer Verweis auf die reale interne Adresse des OV-Headers erfolgen.

ST-OV-Length

> Dieses Attribut gibt die maximale Anzahl von möglichen Einträgen im statische Datentyp- und Strukturverzeichnis an. Der erste Index im statischen Datentyp und Objektverzeichnis ist immer 1, diese Angabe kann als Eintrag im OV-Header entfallen.

Local-Address ST-OV

> An dieser Stelle kann optional ein systemspezifischer Verweis auf die reale interne Adresse des statischen Datentyp- und Datenstrukturverzeichnisses erfolgen.

First-Index S-OV

> In diesem Feld steht die Nummer des ersten belegbaren Index des statischen Objektverzeichnisses. Der Wert muß größer/gleich 15 sein.

S-OV-Length

> Dieser Eintrag gibt die maximale Anzahl belegbarer Einträge im statischen Objektverzeichnis an. Aus den Angaben First-Index S-OV und S-OV-Length kann der höchste belegbare Index im statischen Objektverzeichnis berechnet werden.

Local-Address-S-OV

> An dieser Stelle kann optional ein systemspezifischer Verweis auf die reale interne Adresse des statischen Objektverzeichnisses erfolgen.

First-Index DV-OV

> In diesem Feld steht die Nummer des ersten belegbaren Index des Variablenlisten-Verzeichnisses. Der Wert muß größer/gleich 15 sein.

DV-OV-Length

> Dieser Eintrag gibt die maximale Anzahl belegbarer Einträge im Variablenlisten-Verzeichnis an. Aus den Angaben First-Index DV-OV und DV-OV-Length kann der höchste belegbare Index im Variablenlisten-Verzeichnis werden.

Local-Address-DV-OV

> An dieser Stelle kann optional ein systemspezifischer Verweis auf die reale interne Adresse des Variablenlisten-Verzeichnisses erfolgen.

First-Index P-OV

> In diesem Feld steht die Nummer des ersten belegbaren Index des Program-Invocation-Verzeichnisses. Der Wert muß größer/gleich 15 sein.

P-OV-Length

> Dieser Eintrag gibt die maximale Anzahl belegbarer Einträge im Program-Invocation-Verzeichnis an. Aus den Angaben First-Index P-OV und P-OV-Length kann der höchste belegbare Index im Program-Invocation-Verzeichnis berechnet werden.

Local-Address-P-OV

> An dieser Stelle kann optional ein systemspezifischer Verweis auf die reale interne Adresse des Program-Invocation-Verzeichnisses erfolgen.

3.5 Die Kommunikationsbeziehungsliste (KBL)

INTERBUS-S stellt über den Parameterkanal logische Verbindungen zwischen zwei Teilnehmern her. Diese logischen Verbindungen werden als Kommunikationsbeziehungen bezeichnet. Über die logischen Kanäle werden zwischen den Anwendungsprozessen Informationen ausgetauscht.

Ein wesentliches Ziel bei der Definition von INTERBUS-S war es, auch bei dieser Kommunikationsform die Telegrammzusatz-Informationen (Overhead) zu reduzieren und die Übertragungsprozeduren zu vereinfachen. Diese Vereinfachung wurde gegenüber Netzwerken aus dem Zellenbereich (z. B. MAP) nötig, um auch bei Geräten in der Sensor/Aktor-Ebene eine kostengünstige und effektive Schnittstelle realisieren zu können.

Die Reduktion von Telegrammaufbauten und die damit erreichte Vereinfachung der zu realisierenden Busschnittstelle wurde vor allem dadurch erreicht, daß der Umfang der zur Verfügung stehenden Dienste gegenüber MAP verringert wurde.

Für den Informationsaustausch zwischen zwei Anwendungsprozessen bedeutet dies, daß aus Effizienzgründen für die verbindungsorientierte Schicht-7-Kommunikation ausschließlich mit projektierten Verbindungen gearbeitet wird.

Die Verbindungsparameter werden bei INTERBUS-S wie bei Profibus (DIN 19245) in einer <u>K</u>ommunikations-<u>B</u>eziehungs-<u>L</u>iste (KBL) hinterlegt. Jeder Anwendungsprozeß hat seine eigene KBL, in der alle Kommunikationsbeziehungen unabhängig von deren Nutzung eingetragen sind.

Die Beschränkung auf projektierte Verbindungen bedeuten zum einen, daß sich der Protokollaufwand verringert und damit die Realisierung einer Busschnittstelle vereinfacht. Zum anderen stellen die projektierten Verbindungen einen reibungslosen Datenaustausch zwischen zwei Kommunikationsteilnehmern sicher. Die Verbindungsparameter beider Kommunikationspartner werden vor einem Informationsaustausch, während des Verbindungsaufbaus, miteinander auf Übereinstimmung überprüft.

3.5.1 Der KBL-Header

Eine Kommunikationsbeziehungsliste besteht aus einem KBL-Header und ein oder mehreren Einträgen. Der KBL-Header enthält Informationen über den Aufbau der Kommunikationsbeziehungsliste. Der KBL-Header ist unter der Kommunikationsreferenz 0 hinterlegt.

KR (= 0)	Anzahl KBL Einträge	Reserviert	ASS CI	Symbol Länge	VFD Pointer Supported

Bild 3-24: Aufbau des KBL-Headers

KR (Kommunikationsreferenz)

    Dem KBL-Header ist in allen Teilnehmern immer die KR 0 fest zugeordnet.

3.5 Die Kommunikationsbeziehungsliste (KBL)

Anzahl KBL Einträge

> Dieser Eintrag gibt die Anzahl der zusätzlich zum KBL-Header vorhandenen Einträge in der Kommunikationsbeziehungsliste an.

ASS

> INTERBUS-S bietet die Möglichkeit, die Phase des Verbindungsaufbaus zu überwachen. Dieser Parameter gibt die Zeit des Überwachungsintervalls an. Damit wird eine endlose Wartezeit auf die Antwort eines nicht vorhandenen oder defekten Teilnehmers vermieden.

Symbollänge

> In diesem Feld wird die Länge von Symbolnamen in der KBL festgelegt. Symbolnamen können optional vergeben werden.

VFD Pointer Supported

> Dieses Attribut gibt an, ob in der Kommunikationsbeziehungsliste mehrere VFD's unterstützt werden. Dieser Parameter wird z. Z. nicht unterstützt, ist aber aus Gründen der Kompatibilität zur DIN 19 245 vorhanden.

3.5.2 Die KBL-Einträge

Die KBL-Einträge enthalten die Rahmenbedingungen, unter denen zwischen zwei Kommunikationsteilnehmern eine Kommunikationsbeziehung aufgebaut werden kann.

Ein Eintrag in die Kommunikationsbeziehungsliste setzt sich aus einem statischen und einem dynamischen Teil zusammen.

Zum statischen Teil gehört die Kommunikationsreferenz (unter der der Eintrag eindeutig adressiert ist) und weitere 19 Attribute. Dieser Teil der KBL ist fest projektiert.

Der dynamische Teil eines KBL-Eintrages wird zur Betriebszeit erstellt. Er enthält aktuelle Informationen über den momentanen Zustand der Kommunikationsverbindung. Der dynamische Teil der KBL besteht aus 8 Attributen. Der dynamische Teil der KBL wird beim Auslesen der KBL zusätzlich zum statischen Teil mit übertragen.

Statische KBL-Einträge KR + 19 Attribute	Dynamische KBL-Einträge 8 Attribute

Bild 3-25: Aufbau eines KBL-Eintrages.

Tabelle 3-2: Aufbau eines statischen KBL-Eintrages

KR (Kommunikationsreferenz)
Local LSAP (Local Service Access Point)
Remote Address
Remote LSAP (Local Service Access Point)
Typ der Kommunikationsbeziehung
LLI-SAP (Lower Layer Interface Service Access Point)
Verbindungsattribut
max. SCC (Send Confirmed Request Counter)
max. RCC (Receive Confirmed Request Counter)
max. SAC (Send Acknowledged Request Counter)
max. RAC (Receive Acknowledged Request Counter)
ACI (Acyclic Control Interval)
Multiplier
max.-PDU-Sending-High-Prio
max.-PDU-Sending-Low-Prio
max.-PDU-Receiving-High-Prio
max.-PDU-Receiving-Low-Prio
Services-Supported
Symbol
VFD Pointer

3.5 Die Kommunikationsbeziehungsliste (KBL)

KR

> Die Kommunikationsreferenz ist für den lokalen Anwendungsprozeß eine eindeutige Bezeichnung für die Kommunikationsbeziehung.

Local LSAP

> Dieser Parameter wird z. Z. nicht unterstützt, ist aber aus Gründen der Kompatibilität zur DIN 19 245 vorhanden. Dieses Attribut gibt in der DIN 19 245 den lokalen Service Access Point an, der für diese Kommunikationsbeziehung genutzt wird.

Remote Address

> Dieses Attribut gibt die physikalische Adresse des remote Kommunikationspartners an.

Remote LSAP

> Dieser Parameter wird z.Z. nicht unterstützt, ist aber aus Gründen der Kompatibilität zur DIN 19 245 vorhanden. Dieses Attribut gibt in der DIN 19 245 den Service Access Point des Remote-Teilnehmers an.

Typ der Kommunikationsbeziehung

> Dieses Attribut gibt den Typ der Kommunikationsbeziehung an. INTERBUS-S unterstützt die Master-Master Verbindung für azyklischen Datenverkehr.

LLI-SAP

> Benachbarte Kommunikationsschichten bzw. der Anwender können auf Dienste der nächst höheren oder tieferen Schicht über sogenannte Dienstzugangspunkte (Service Access Points, SAP) zugreifen. Die Protokolldateneinheiten (PDU) werden über diese Schnittstelle ausgetauscht. Dieses Attribut beschreibt den projektierten Zugang zum Lower Layer Interface (LLI).

Verbindungsattribut

> In diesem Feld werden weitere Angaben zum Verbindungstyp bei verbindungsorientierten Kommunikationsbeziehungen gemacht.

max. SCC

    Dieser Eintrag legt fest, wieviel bestätigte Dienste maximal zum Kommunikationspartner abgesetzt werden können.

max. RCC

    Dieser Eintrag legt fest, wieviel bestätigte Dienste maximal vom Kommunikationspartner abgesetzt werden dürfen.

max. SAC

    Dieser Eintrag legt fest, wieviel unbestätigte Dienste maximal zum Kommunikationspartner abgesetzt werden können.

max. RAC

    Dieser Eintrag legt fest, wieviel unbestätigte Dienste maximal vom Kommunikationspartner abgesetzt werden dürfen.

ACI

    Dieses Attribut gibt an, ob eine Verbindungsüberwachung durchgeführt werden soll. Ist das der Fall, so wird bei einem INTERBUS-S-Reset die Verbindung lokal abgebaut.

Multiplier

    Dieser Parameter wird z.Z. nicht unterstützt, ist aber aus Gründen der Kompatibilität zur DIN 19 245 vorhanden. Dieses Attribut gibt bei Verbindungen für zyklischen Datenverkehr auf Masterseite an, wie oft die Schicht-2-Addresse dieser Kommunikationsbeziehung in die Poll-Liste eingetragen werden soll. Hierdurch kann das Poll-Intervall verkürzt werden.

max.-PDU-Sending-High-Prio

    Dieser Eintrag legt für diese Kommunikationsbeziehung die maximale Länge einer hoch prioren PDU (Protocol Data Unit) in Senderichtung fest. INTERBUS-S unterstützt diesen Parameter nicht. Er ist aber aus Gründen der Kompatibilität zu FMS (DIN 19 245) vorgesehen. Für den schnellen Datenaustausch wird bei INTERBUS-S der Prozeßdatenkanal benutzt.

3.5 Die Kommunikationsbeziehungsliste (KBL)

max.-PDU-Sending-Low-Prio

> Dieser Eintrag legt für diese Kommunikationsbeziehung die maximale Länge einer nieder prioren PDU (Protocol Data Unit) in Senderichtung fest (max. 246 Byte).

max.-PDU-Receiving-High-Prio

> Dieser Eintrag legt für diese Kommunikationsbeziehung die maximale Länge einer hoch prioren PDU (Protocol Data Unit) in Empfangsrichtung fest. INTERBUS-S unterstützt diesen Parameter nicht. Er ist aber aus Gründen der Kompatibilität zu FMS (DIN 19 245) vorgesehen. Für den schnellen Datenaustausch wird bei INTERBUS-S der Prozeßdatenkanal benutzt.

max.-PDU-Receiving-Low-Prio

> Dieser Eintrag legt für diese Kommunikationsbeziehung die maximale Länge einer nieder prioren PDU (Protocol Data Unit) in Empfangsrichtung fest (max. 246 Byte).

Services Supported

> Dieses Attribut gibt an, welche Dienste auf dieser Kommunikationsbeziehung unterstützt werden. Grundsätzlich wird zwischen Management- und PMS-Diensten unterschieden.

Symbol

> Hier wird der symbolische Name der Kommunikationsbeziehung angegeben.

VFD-Pointer

> Dieses Attribut gibt an, ob in der Kommunikationsbeziehungsliste mehrere VFD's unterstützt werden. Dieser Parameter wird z. Z. nicht unterstützt, ist aber aus Gründen der Kompatibilität zur DIN 19 245 vorhanden.

Tabelle 3-3: Aufbau eines dynamischen KBL-Eintrages

Status
Actual Remote Address
Actual Remote LSAP
SCC (Send Confirmed Request Counter)
RCC (Receive Confirmed Request Counter)
SAC (Send Acknowledged Request Counter)
RAC (Receive Acknowledged Request Counter)
Poll-Entry-Enabled

Status

Dieses Attribut beschreibt den LLI-Status einer Kommunikationsbeziehung.

Actual Remote Address

An dieser Stelle wird die Adresse des Kommunikationsteilnehmers eingetragen, der in dieser Kommunikationsverbindung den Verbindungsaufbau initiiert hat.

Actual Remote LSAP

Dieser Parameter wird z. Z. nicht unterstützt.

SCC

In diesem Feld ist vermerkt, wieviel bestätigte Dienste z. Z. an den Kommunikationspartner abgesetzt sind.

RCC (Receive Confirmed Request Counter)

In diesem Feld ist vermerkt, wieviel bestätigte Dienste z. Z. vom Kommunikationspartner empfangen wurden.

SAC

> In diesem Feld ist vermerkt, wieviel unbestätigte Dienste z. Z. an den Kommunikationspartner abgesetzt sind.

RAC (Receive Acknowledged Request Counter)

> In diesem Feld ist vermerkt, wieviel unbestätigte Dienste z. Z. vom Kommunikationspartner empfangen wurden.

Poll-Entry-Enabled

> Dieser Parameter wird z. Z. nicht unterstützt, ist aber aus Gründen der Kompatibilität zur DIN 19 245 vorhanden. Er gibt in der DIN 19 245 den Status des Eintrages in den Poll-Listen für diese Kommunikationsbeziehung an und zeigt damit, ob ein Teilnehmer gepollt wird oder nicht.

3.6 PMS-Dienste

Die Schicht 7 von INTERBUS-S stellt dem Anwender eine Reihe von standardisierten PMS-Diensten zur Verfügung. Die Dienste (Services) erlauben es, herstellerunabhängig Informationen zwischen zwei Kommunikationspartnern auszutauschen.

Die zur Verfügung gestellten Dienste lassen sich in drei Gruppen unterteilen:

- Anwendungsdienste
- Verwaltungsdienste
- Netzmanagementdienste

Die Anwendungsdienste erlauben den Zugriff auf die Kommunikationsobjekte eines Anwendungsprozesses. Dazu gehören z. B. Dienste zum Lesen und

Schreiben von Kommunikationsobjekten oder das Starten und Stoppen von Programmen.

Verwaltungsdienste sind dadurch gekennzeichnet, daß sie nicht direkt auf den Prozeß wirken. Sie dienen dazu, Informationen über Objekte oder Kommunikationsbeziehungen eines virtuellen Feldgerätes (VFD) auszutauschen. Ein Dienst in dieser Gruppe (Get-OV) wird z. B. dafür genutzt, Einträge aus einem Objektverzeichnis zu lesen.

Die Netzmanagementdienste werden dazu eingesetzt, den Betrieb des Bussystems sicher zu stellen. Dazu gehören z. B. der Aufbau (Initiate) und der Abbau (Abort) von Kommunikationsbeziehungen.

INTERBUS-S ist optimiert für den Einsatz in der Sensor/Aktor Ebene. Dieses Anwendungsgebiet ist dadurch gekennzeichnet, daß viele Geräte aus der Sicht der Kommunikation einfache Geräte sind. Um auch bei diesen Geräten eine kostengünstige und effektive Busschnittstelle realisieren zu können, wurde der Umfang der PMS-Dienste gegenüber hierarchisch höheren Netzwerken (z. B. MAP oder Profibus) reduziert.

INTERBUS-S unterstützt die in der folgenden Tabelle angegebenen Dienste.

Tabelle 3-4: PMS-Dienste

Dienst	Bedeutung
Read (optional)	Lesen von Variablen
Write (optional)	quittiertes Schreiben von Variablen
Information Report (optional)	unquittiertes senden von Daten
Start (optional)	Programm nach Reset starten
Stop (optional)	Programm anhalten
Resume (optional)	Programm nach Stop fortsetzen
Reset (optional)	Programm zurücksetzen
Status (mandatory)	Lesen des Geräte-/Anwenderstatus
Identify (mandatory)	Lesen von Herstellernamen, Typ und Version
Get-OV (mandatory)	Lesen einer Objektbeschreibung
Initiate (mandatory)	Aufbau einer Verbindung
Abort (mandatory)	Abbau einer Verbindung
Reject (mandatory)	Unzulässigen Dienst abweisen

3.6 PMS-Dienste

Um in einem INTERBUS-S-Netzwerk kommunizieren zu können, muß ein Kommunikationsteilnehmer gewisse Pflichtdienste (Mandatory) unterstützen. Entsprechend der Gerätefunktionalität können bei Bedarf weitere Dienste (Optional) implementiert werden. So können die Busschnittstellen optimal an den Leistungsumfang des jeweiligen Gerätes angepaßt werden.

3.6.1 Die Parameter der PMS-Dienste

Über die PMS-Dienste kann ein Client die Funktionalitäten eines Servers nutzen. Dazu werden die Dienste mit Hilfe von Nachrichten (<u>P</u>rotocol <u>D</u>ata <u>U</u>nits, PDU's) über den Bus übertragen. Zur Bearbeitung eines Dienstes muß der Anwendungsprozeß gewisse Parameter zur Verfügung stellen.

Die notwendigen Dienstparameter können in einer formalen Beschreibung dargestellt werden.

Tabelle 3-5: Formale Darstellung der Dienstparameter

Parametername	.req .ind	.res .con
Argument	M	
Aufrufparameter 1	M	
Parameter A	S	
Parameter B	S	
Aufrufparameter 2	U	
Result (+)		S
Quittierungsparameter 1		M
Quittierungsparameter 2		C
Result (-)		S
Error-Type		M

In der ersten Spalte der Tabelle ist der Name des Parameters angegeben. In den folgenden Spalten sind die jeweiligen Dienstprimitiven angegeben (Request - .req, Indication - .ind, Response - .res, Confirmation - .con). Die Namen der Dienstparameter bei den Dienstprimitiven Request und Indication sowie

Response und Confirmation sind immer gleich. Die Zugehörigkeit eines Parameters zu einer Dienstprimitive ist durch den Eintrag in der jeweiligen Zeile des Parameters und der dazugehörigen Spalte der Dienstprimitive gekennzeichnet.

Die Abkürzungen in den Spalten der Dienstprimitiven zeigen an, wann ein Parameter verwendet wird. Dabei stehen die Abkürzungen für die folgenden Möglichkeiten:

- M: Dieser Parameter ist zwingend vorgeschrieben (Mandatory)

- U: Dieser Parameter ist eine Option des Anwenders (User Option). D.h. dieser Parameter kann wahlweise verwendet oder weggelassen werden.

- S: Dieser Parameter kann aus einer Menge von Parametern ausgewählt werden (Selection). Diese Parameter sind in der Tabelle dadurch gekennzeichnet, daß sie unter einer gemeinsamen Überschrift (z. B. Argument) stehen und eingerückt dargestellt sind.

- C: Das Vorhandensein dieses Parameters hängt vom Vorhandensein eines anderen Parameters ab (Conditional).

Die tabellarische Darstellungsart gibt keine Information darüber, ob ein optionaler Parameter verwendet wird und welcher Parameter im konkreten Einzelfall ausgewählt wird. Dies ist nur im Zusammenhang mit dem verwendeten Dienst erkennbar. Bei der Verwendung eines Schicht-7-Dienstes sind die Parameter jedoch zu übergeben.

Argument: erster Parameter bei einer Dienstanforderung

Result (+) Dieser Parameter zeigt an, daß ein Dienst erfolgreich durchgeführt wurde.

Result (-) Dieser Parameter zeigt an, daß ein Dienst nicht erfolgreich durchgeführt wurde.

Error-Type Dieser Parameter enthält Angaben darüber, warum ein Dienst nicht erfolgreich durchgeführt wurde. Er ist in der Regel weiter strukturiert.

3.6 PMS-Dienste

Die oben gezeigte Art der Parameterbeschreibung wird im folgenden dazu genutzt, die Parameter der einzelnen PMS-Dienste darzustellen.

Beim Aufruf der Dienste müssen zusätzlich zu den Parametern noch Angaben zur verwendeten Kommunikationsreferenz und zur Invoke-Identifikation gemacht werden. Da diese beiden Parameter dienstunabhängig sind, werden sie bei den Dienstbeschreibungen nicht mit angegeben.

In den folgenden Kapiteln werden die PMS-Dienste mit ihren Parametern näher erläutert.

3.6.2 VFD Support-Dienste

Das Modell des virtuellen Feldgerätes (VFD) beschreibt ein reales Feldgerät aus der Sicht der Kommunikation. Das Modell beschreibt in einer abstrakten Form die Kommunikationsdaten und Eigenschaften eines Gerätes aus der Sicht eines Dienstanforderers (Client).

Das Modell basiert auf dem Objekt VFD, das alle Objekte und Objektbeschreibungen von Kommunikationsobjekten enthält. Auf diese Objekte kann ein Anwendungsprozeß über Dienste zugreifen.

Die Gruppe der VFD Support Dienste stellen dem Kommunikationspartner Status- und Identifikationsdienste zur Verfügung, mit denen gerätespezifische Zustandsinformationen übermittelt werden.

Zu dieser Gruppe gehören die folgenden beiden Dienste:

- Status
- Identify.

3.6.2.1 Status

Über diesen Dienst wird die Information über den aktuellen Betriebszustand und über den momentanen Zustand der Kommunikation übermittelt.

Tabelle 3-6: Status

Parametername	.req .ind	.res .con
Argument	M	
Result (+)		S
Logical-Status		M
Physical-Status		M
Local-Detail		U
Result (−)		S
Error-Type		M

Argument

    Das Argument enthält keine dienstspezifischen Parameter.

Result(+)

    Der Parameter Result(+) zeigt an, daß der Dienst erfolgreich ausgeführt werden konnte.

Logical Status

    Wurde der Dienst erfolgreich durchgeführt, dann enthält dieses Attribut eine Angabe über den Zustand der Kommunikation des Gerätes.

    0 <=> Kommunikationsbereit
    2 <=> Begrenzte Anzahl Services

3.6 PMS-Dienste

Physical Status

> Dieses Attribut gibt einen groben Überblick über den Betriebszustand des angesprochenen Geräts.
>
> 0 <=> Betriebsbereit
> 1 <=> Teilweise betriebsbereit
> 2 <=> Nicht betriebsbereit
> 3 <=> Wartung erforderlich

Local Detail

> Dieser Parameter gibt den lokalen Status der Anwendung und des Geräts an. Die Bedeutung der einzelnen Bits ist gerätespezifisch, also durch anwendungsspezifische Festlegungen oder Profiles definiert.

Result(-)

> Der Parameter Result(-) zeigt an, daß der Dienst nicht erfolgreich ausgeführt werden konnte.

Error Type

> Dieser Parameter enthält Informationen, aus welchem Grund der Dienst nicht erfolgreich bearbeitet werden konnte.

3.6.2.2 Identify

Mit diesem Dienst werden Informationen zur Identifikation eines Virtual Field Device (VFD) ausgelesen, sie stellen eine Art elektronisches Typenschild dar.

Zu den übermittelten Informationen gehören der Name des Herstellers, der Name des Gerätes und die Revisionsnummer des Gerätes. Damit ist es in einer realen Anlage einfach möglich zu überprüfen, welche Teilnehmer wirklich über den Bus miteinander verbunden sind. Dies geschieht, ohne daß die realen Typenschilder abgelesen werden müssen.

Tabelle 3-7: Identify

Parametername	.req .ind	.res .con
Argument	M	
Result (+)		S
Vendor-Name		M
Model-Name		M
Revision		M
Result (-)		S
Error-Type		M

Argument

    Das Argument enthält keine dienstspezifischen Parameter.

Result(+)

    Der Parameter Result(+) zeigt an, daß die Parameter ausgelesen werden konnten.

Vendor Name

    Dieser Parameter vom Typ Visible-String enthält den ausgelesenen Vendor-Name (Herstellernamen des Gerätes).

Model Name

    Dieser Parameter vom Typ Visible-String gibt den Gerätenamen an.

Revision

    Dieser Parameter enthält das Revision-Attribut (die Versionsnummer) des VFD.

Result(-)

    Der Parameter Result(-) zeigt an, daß der Dienst nicht ausgeführt werden konnte.

Error Type

    Dieser Parameter enthält Informationen, aus welchem Grund der Dienst nicht ausgeführt werden konnte.

3.6.3 Program-Invocation

Das Program-Invocation-Modell stellt dem Anwendungsprozeß Dienste zur Verfügung, die es gestatten, ein Programm zu starten und zu stoppen. Dabei ist es möglich, daß auf einem Gerät mehrere Program-Invocations existieren. Eine Program-Invocation wird durch Eintrag im P-OV (Program-Invocation-Objektverzeichnis) definiert.

Es werden folgende Services für die Bedienung von Programmen (Program-Invocation) angeboten:

- Start

- Stop

- Resume

- Reset

3.6.3.1 Start

Ein Programm wird mit diesem Dienst gestartet. Das Programm beginnt nach dem Dienstaufruf am Programmanfang.

Tabelle 3-8: Start

Parametername	.req	.res
Argument	M	
Access-Specification	M	
Index	S	
PI-Name	S	
Result (+)		S
Result (-)		S
Error-Type		M
PI-State		M

Argument

    Das Argument enthält die dienstspezifischen Parameter des Aufrufes.

Access-Specification

    Es besteht prinzipiell die Möglichkeit, ein Objekt über seinen Index oder seinen Namen anzusprechen. Dieser Parameter gibt an, welche der beiden Möglichkeiten genutzt werden soll. In den aktuellen Implementierungen wird nur der Zugriff über den Index erlaubt.

Index

    Dieser Parameter ist die logische Adresse der Program-Invocation im OV, auf die sich der Dienst bezieht.

PI-Name

    Dieser Parameter enthält den Namen der Programm-Invocation, auf die sich der Dienst bezieht.

Result(+)

    Der Result(+)-Parameter zeigt an, daß der Dienst erfolgreich bearbeitet wurde.

3.6 PMS-Dienste

Result(-)

> Der Result(-)-Parameter zeigt an, daß der Dienst nicht erfolgreich bearbeitet wurde.

Error Type

> Dieser Parameter enthält Informationen, aus welchem Grund der Dienst nicht erfolgreich bearbeitet werden konnte.

PI-State

> Dieser Parameter gibt den Zustand der Program-Invocation an.
>
> Folgende Parameter können dabei auftreten:

2 IDLE	Die vordefinierten Program-Invocations gehen nach dem Power Up in den Zustand IDLE (Ruhezustand). In diesen Zustand wird außerdem nach Ende des Programms gewechselt.
3 RUNNING	In diesem Zustand läuft das Programm.
4 STOPPED	In diesem Zustand ist das Programm gestoppt.
5 STARTING	Zwischenzustand, in dem der Programmstart vorbereitet wird.
6 STOPPING	Zwischenzustand, in dem der Programmstop vorbereitet wird.
7 Resuming	Zwischenzustand, ein gestopptes Programm wird in den Zustand Running gebracht.
8 Resetting	Zwischenzustand, ein gestopptes Programm wird auf den Anfang zurückgesetzt.

3.6.3.2 Stop

Mit diesem Dienst wird ein laufendes Programm gestoppt, aber nicht auf den Anfang zurückgesetzt.

Tabelle 3-9: Stop

Parametername	.req .ind	.res .con
Argument	M	
Access-Specification	M	
Index	S	
PI-Name	S	
Result (+)		S
Result (-)		S
Error-Type		M
PI-State		M

Argument

    Das Argument enthält die dienstspezifischen Parameter des Aufrufes.

Access-Specification

    Es besteht prinzipiell die Möglichkeit, ein Objekt über seinen Index oder seinen Namen anzusprechen. Dieser Parameter gibt an, welche der beiden Möglichkeiten genutzt werden soll. In den aktuellen Implementierungen wird nur der Zugriff über den Index erlaubt.

Index

    Dieser Parameter ist die logische Adresse der Program-Invocation im OV, auf die sich der Dienst bezieht.

3.6 PMS-Dienste

PI-Name

    Dieser Parameter enthält den Namen der Program-Invocation, auf die sich der Dienst bezieht.

Result(+)

    Der Result(+)-Parameter zeigt an, daß der Dienst erfolgreich bearbeitet wurde.

Result(-)

    Der Result(-)-Parameter zeigt an, daß der Dienst nicht erfolgreich bearbeitet wurde.

Error Type

    Dieser Parameter enthält Informationen, aus welchem Grund der Dienst nicht erfolgreich bearbeitet werden konnte.

PI-State

    Dieser Parameter gibt den Zustand der Program-Invocation an

	2 IDLE	Die vordefinierten Program-Invocations gehen nach dem Power Up in den Zustand IDLE (Ruhezustand). In diesen Zustand wird außerdem nach Ende des Programms gewechselt.
	3 RUNNING	In diesem Zustand läuft das Programm.
	4 STOPPED	In diesem Zustand ist das Programm gestoppt.
	5 STARTING	Zwischenzustand, in dem der Programmstart vorbereitet wird.
	6 STOPPING	Zwischenzustand, in dem der Programmstop vorbereitet wird.

| 7 Resuming | Zwischenzustand, ein gestopptes Programm wird in den Zustand Running gebracht. |
| 8 Resetting | Zwischenzustand, ein gestopptes Programm wird auf den Anfang zurückgesetzt. |

3.6.3.3 Resume

Mit diesem Dienst wird ein zuvor gestopptes Programm an der Stelle fortgesetzt, an der es gestoppt wurde. Nach der Ausführung des Dienstes befindet sich das Programm im Zustand Running.

Tabelle 3-10: Resume

Parametername	.req .ind	.res .con
Argument	M	
Access-Specification	M	
Index	S	
PI-Name	S	
Result (+)		S
Result (-)		S
Error-Type		M
PI-State		M

Argument

    Das Argument enthält die dienstspezifischen Parameter des Aufrufes.

3.6 PMS-Dienste

Access-Specification

> Es besteht prinzipiell die Möglichkeit, ein Objekt über seinen Index oder seinen Namen anzusprechen. Dieser Parameter gibt an, welche der beiden Möglichkeiten genutzt werden soll. In den aktuellen Implementierungen wird nur der Zugriff über den Index erlaubt.

Index

> Dieser Parameter ist die logische Adresse der Program-Invocation im OV, auf die sich der Dienst bezieht.

PI-Name

> Dieser Parameter enthält den Namen der Program-Invocation, auf die sich der Dienst bezieht.

Result(+)

> Der Result(+)-Parameter zeigt an, daß der Dienst erfolgreich bearbeitet wurde.

Result(-)

> Der Result(-)-Parameter zeigt an, daß der Dienst nicht erfolgreich bearbeitet wurde.

Error Type

> Dieser Parameter enthält Informationen, aus welchem Grund der Dienst nicht erfolgreich bearbeitet werden konnte.

PI-State

> Dieser Parameter gibt den Zustand der Program-Invocation an.

    2 IDLE   Die vordefinierten Program-Invocations gehen nach dem Power Up in den Zustand IDLE (Ruhezustand). In diesen Zustand wird außerdem nach Ende des Programms gewechselt.

3 RUNNING	In diesem Zustand läuft das Programm.
4 STOPPED	In diesem Zustand ist das Programm gestoppt.
5 STARTING	Zwischenzustand, in dem der Programmstart vorbereitet wird.
6 STOPPING	Zwischenzustand, in dem der Programmstop vorbereitet wird.
7 Resuming	Zwischenzustand, ein gestopptes Programm wird in den Zustand Running gebracht.
8 Resetting	Zwischenzustand, ein gestopptes Programm wird auf den Anfang zurückgesetzt.

3.6.3.4 Reset

Mit diesem Dienst wird ein vorher gestopptes Programm zurückgesetzt.

Tabelle 3-11: Reset

Parametername	.req .ind	.res .con
Argument	M	
Access-Specification	M	
Index	S	
PI-Name	S	
Result (+)		S
Result (-)		S
Error-Type		M
PI-State		M

3.6 PMS-Dienste

Argument

Das Argument enthält die dienstspezifischen Parameter des Aufrufes.

Access-Specification

Es besteht prinzipiell die Möglichkeit, ein Objekt über seinen Index oder seinen Namen anzusprechen. Dieser Parameter gibt an, welche der beiden Möglichkeiten genutzt werden soll. In den aktuellen Implementierungen wird nur der Zugriff über den Index erlaubt.

Index

Dieser Parameter ist die logische Adresse der Program-Invocation im OV, auf die sich der Dienst bezieht.

PI-Name

Dieser Parameter enthält den Namen der Program-Invocation, auf die sich der Dienst bezieht.

Result(+)

Der Result(+)-Parameter zeigt an, daß der Dienst erfolgreich bearbeitet wurde.

Result(-)

Der Result(-)-Parameter zeigt an, daß der Dienst nicht erfolgreich bearbeitet wurde.

Error Type

Dieser Parameter enthält Informationen, aus welchem Grund der Dienst nicht erfolgreich bearbeitet werden konnte.

PI-State

Dieser Parameter gibt den Zustand der Program-Invocation an

2 IDLE	Die vordefinierten Program-Invocations gehen nach dem Power Up in den Zustand IDLE (Ruhezustand). In diesen Zustand wird außerdem nach Ende des Programms gewechselt.
3 RUNNING	In diesem Zustand läuft das Programm.
4 STOPPED	In diesem Zustand ist das Programm gestoppt.
5 STARTING	Zwischenzustand, in dem der Programmstart vorbereitet wird.
6 STOPPING	Zwischenzustand, in dem der Programmstop vorbereitet wird.
7 Resuming	Zwischenzustand, ein gestopptes Programm wird in den Zustand Running gebracht.
8 Resetting	Zwischenzustand, ein gestopptes Programm wird auf den Anfang zurückgesetzt.

3.6.4 Variable-Access

Die Gruppe der Variable-Access-Dienste erlaubt es, auf Kommunikationsobjekte vom Typ Variable zuzugreifen. Diese Dienstgruppe dient bei INTERBUS-S in der Regel dazu, gerätespezifische Parameter zu übertragen. Für die schnelle und zyklische Übermittlung von Prozeßdaten wird in den meisten Anwendungen der Prozeßdatenkanal genutzt.

Die Gruppe der Variable-Access-Dienste stellt folgende Funktionalitäten zur Verfügung:

- Read

- Write

- Information Report

3.6.4.1 Read

Mit diesem Dienst werden beim Kommunikationspartner die Werte der Objekte Simple-Variable, Array und Record gelesen. Bei Arrays und Records kann mit dem Subindex (eine Unteradresse) auch auf einzelne Elemente der Objekte zugegriffen werden.

Tabelle 3-12: Read

Parametername	.req .ind	.res .con
Argument	M	
Access-Specification	M	
Index	S	
Variable-Name	S	
Variable-List-Name	S	
Subindex	U	
Result (+)		S
Data		M
Result (-)		S
Error-Type		M

Argument

    Das Argument enthält die dienstspezifischen Parameter des Aufrufes.

Access-Specification

    Es besteht prinzipiell die Möglichkeit, ein Objekt über seinen Index oder seinen Namen anzusprechen. Dieser Parameter gibt an, welche der beiden Möglichkeiten genutzt werden soll. In den aktuellen Implementierungen wird nur der Zugriff über den Index erlaubt.

Index

    Logische Adresse des Objekts (Simple-Variable, Array, Record), das gelesen werden soll.

Variable-Name

    Dieser Parameter enthält den Namen der Variablen, auf die sich der Dienst bezieht.

Variable-List-Name

    Dieser Parameter enthält den Namen der Variablen-Liste, auf die sich der Dienst bezieht.

Subindex

    Logische Subadresse (Unteradresse) des Objekts.

Result(+)

    Der Result(+)-Parameter zeigt an, daß der Dienst erfolgreich bearbeitet wurde.

Data

    Hier werden die gelesenen Daten abgelegt.

Result(-)

    Der Result(-)-Parameter zeigt an, daß der Dienst nicht erfolgreich bearbeitet wurde.

Error Type

    Dieser Parameter enthält Informationen, aus welchem Grund der Dienst nicht erfolgreich bearbeitet werden konnte.

3.6.4.2 Write

Mit diesem Dienst werden Werte in die Objekte Simple-Variable, Array und Record übertragen. Bei Arrays und Records kann mit dem Subindex (Unteradressen) auch auf einzelne Elemente der Objekte zugegriffen werden.

Tabelle 3-13: Write

Parametername	.req .ind	.res .con
Argument	M	
Access-Specification	M	
Index	S	
Variable-Name	S	
Variable-List-Name	S	
Subindex	U	
Data	M	
Result (+)		S
Result (-)		S
Error-Type		M

Argument

    Das Argument enthält die dienstspezifischen Parameter des Aufrufes.

Access-Specification

    Es besteht prinzipiell die Möglichkeit, ein Objekt über seinen Index oder seinen Namen anzusprechen. Dieser Parameter gibt an, welche der beiden Möglichkeiten genutzt werden soll. In den aktuellen Implementierungen wird nur der Zugriff über den Index erlaubt.

Index

    Logische Adresse des Objekts (Simple-Variable, Array, Record), das beschrieben werden soll.

Variable-Name

    Dieser Parameter enthält den Namen der Variablen, auf die sich der Dienst bezieht.

Variable-List-Name

    Dieser Parameter enthält den Namen der Variablen-Liste, auf die sich der Dienst bezieht.

Subindex

    Logische Subadresse des Objekts.

Data

    Hier sind die zu schreibenden Daten abgelegt.

Result(+)

    Der Result(+)-Parameter zeigt an, daß der Dienst erfolgreich bearbeitet wurde.

Result(-)

    Der Result(-)-Parameter zeigt an, daß der Dienst nicht erfolgreich bearbeitet wurde.

Error Type

    Dieser Parameter enthält Informationen, aus welchem Grund der Dienst nicht erfolgreich bearbeitet werden konnte.

3.6.4.3 Information Report

Mit dem Dienst Information Report werden Werte der Objekte Simple-Variable, Array und Record übertragen. Bei Arrays und Records kann mit dem Subindex auch auf einzelne Elemente der Objekte zugegriffen werden. Die Ausführung

3.6 PMS-Dienste

dieses Services wird vom Kommunikationspartner nicht quittiert (Unconfirmed Service).

Der Information-Report-Dienst kann von einfachen Geräten z. B. zum Senden von Alarmmeldungen genutzt werden.

Tabelle 3-14: Information-Report

Parametername	.req .ind
Argument	M
Priority	M
Access-Specification	M
Index	S
Variable-Name	S
Variable-List_Name	S
Subindex	U
Data	M

Argument

    Das Argument enthält die dienstspezifischen Parameter des Aufrufes.

Priority

    Dieser Parameter gibt an, ob ein Dienst mit oder ohne Priorität ausgeführt wird. Heutige Implementationen erlauben nur Dienste ohne Priorität.

Access-Specification

    Es besteht prinzipiell die Möglichkeit, ein Objekt über seinen Index oder seinen Namen anzusprechen. Dieser Parameter gibt an, welche der beiden Möglichkeiten genutzt werden soll. In den aktuellen Implementierungen wird nur der Zugriff über den Index erlaubt.

Index

    Logische Adresse des Objekts (Simple-Variable, Array, Record), das beschrieben werden soll.

Variable-Name

    Dieser Parameter enthält den Namen der Variablen, auf die sich der Dienst bezieht.

Variable-List-Name

    Dieser Parameter enthält den Namen der Variablen-Liste, auf die sich der Dienst bezieht.

Subindex

    Die logische Subadresse des Objekts im Source-OV.

Data

    An dieser Stelle stehen die zu schreibenden Daten.

3.6.5 Context Management Dienste

Die Gruppe der Context Management Dienste enthält Dienste für den Aufbau und Abbau von Kommunikationsbeziehungen.

INTERBUS-S unterstützt verbindungsorientierte one to one Kommunikationsbeziehungen. Die Kommunikation über eine solche Verbindung unterteilt sich in drei Phasen

- Verbindungsaufbauphase
- Datentransferphase
- Verbindungsabbauphase.

3.6 PMS-Dienste

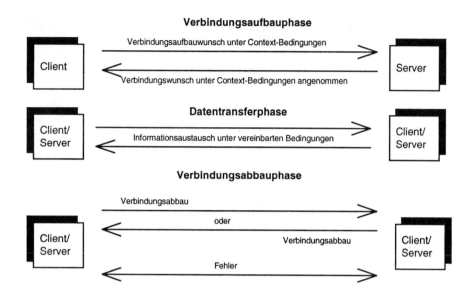

Bild 3-26: Verbindungsorientierte Kommunikationsbeziehung

Verbindungsaufbauphase

In der Verbindungsaufbauphase versucht ein Kommunikationsteilnehmer mit einem anderen Teilnehmer eine Kommunikationsverbindung aufzubauen. In der Verbindungsaufbauphase wird überprüft, ob eine Kommunikation zwischen den Teilnehmern möglich ist. Dazu werden die in der KBL des Servers eingetragenen Randbedingungen für die Kommunikation mit denen des Clients verglichen. Da INTERBUS-S-Teilnehmer nicht alle Dienste unterstützen müssen (optionale Dienste), kann nicht von vornherein davon ausgegangen werden, daß zwei Kommunikationsteilnehmer die gleichen Dienste unterstützen. Deshalb erfolgt zunächst eine Context-Prüfung. Gibt es Übereinstimmung, wird die Datentransferphase eingeleitet. Andernfalls wird eine Fehlermeldung generiert.

Datentransferphase

In der Datentransferphase tauschen die beiden Kommunikationsteilnehmer miteinander Informationen aus. Dabei werden die in der Verbindungsaufbauphase getroffenen Vereinbarungen eingehalten. Eine Kommunikationsbeziehung bleibt solange aktiv, bis sie abgebaut wird oder ein Kommunikationsfehler auftritt.

Verbindungsabbau

Wird eine Kommunikationsbeziehung nicht mehr für den Informationsaustausch benötigt, kann sie abgebaut werden. Ein erneuter Datenaustausch kann erst dann wieder erfolgen, wenn die Verbindung wieder neu aufgebaut wird. Tritt ein Kommunikationsfehler auf, wird die Verbindung automatisch abgebaut.

3.6.5.1 Initiate

Dieser Dienst baut eine Verbindung zwischen zwei Kommunikationsteilnehmern auf. Dabei werden Vereinbarungen über die möglichen Dienste und die Länge der Nachrichten (PDU) für diese Kommunikationsbeziehung getroffen. Zusätzlich werden die aktuellen Versionsnummern der Objektverzeichnisse ausgetauscht.

Nachdem eine Verbindung aufgebaut ist, können beide Kommunikationsteilnehmer sowohl die Client wie auch die Server-Funktion übernehmen. Für diesen Dienstaufruf werden daher zusätzlich die Begriffe Calling und Called verwendet.

Calling

    der Kommunikationspartner, der die Verbindung aufbaut

Called

    der Kommunikationspartner, zu dem eine Verbindung aufgebaut werden soll

3.6 PMS-Dienste

Tabelle 3-15: Initiate

Parametername	.req	.ind	.res	.con
Argument	M	M		
Version-OV [1]	M	M		
Profil-Name[1]	M	M		
Access-Protection-Supported[1]	M	M		
Password[1]	M	M		
Access-Groups[1]	M	M		
Max-PDU-Sending-High-Prio[1]				
Max-PDU-Sending-Low-Prio[1]				
Max-PDU-Receiving-High-Prio[1]				
Max-PDU-Receiving-Low-Prio[1]				
PMS-Services-Supported[1]				
Result (+)			S	S
Version-OV[2]			M	M
Profil-Name[2]			M	M
Access-Protection-Supported[2]			M	M
Password[2]			M	M
Access-Groups[2]			M	M
Result (-)			S	S
Error-Type[2]			M	M
Max-PDU-Sending-High-Prio[2]				M
Max-PDU-Sending-Low-Prio[2]				M
Max-PDU-Receiving-High-Prio[2]				M
Max-PDU-Receiving-Low-Prio[2]				M
PMS-Services-Supported[2]				M

1) Parameter des Dienstanforderers (Calling)
2) Parameter des Diensterbringers (Called)

Die ersten sechs Parameter des Initiate-Dienstes müssen beim Aufruf vom Anwendungsprozeß zur Verfügung gestellt werden. Die übrigen Parameter werden vom PMS automatisch generiert.

Argument

    Das Argument enthält die dienstspezifischen Parameter des Serviceaufrufes.

Version OV (Calling)

> Dieser Parameter gibt die Versionskennung des Objektverzeichnisses des Clients an.

Profile Name (Calling)

> Dieser Parameter gibt den Profilnamen (Name der anwendungsspezifischen Festlegungen) des Clients an.

Access-Protection-Supported

> Dieser Parameter enthält das Attribut Access-Protection aus der OV-Objektbeschreibung des Clients. Der Parameter gibt an, ob beim Zugriff auf Objekte Zugriffsrechte überprüft werden:
>
> Access-Protection-Supported = false
>
>> Jeder Kommunikationspartner ist berechtigt, auf jedes Objekt zuzugreifen. Die Attribute Password und Access-Groups existieren damit in den Objektbeschreibungen nicht.
>
> Access-Protection-Supported = true
>
>> Die Zugriffsberechtigung ist abhängig von den beim Initiate Dienst übertragenen Parametern (Password und Access-Groups) sowie von den jeweiligen Objektattributen (Password und Access-Groups).

Password (Calling)

> Dieser Parameter enthält das Paßwort, das auf dieser Kommunikationsbeziehung zu allen Zugriffen auf Objekte des Servers berechtigt.

Access-Groups (Calling)

> Dieser Parameter enthält eine Zuordnung des Clients zu bestimmten Zugriffsgruppen. Diese Zuordnung gilt bei dieser Kommunikationsbeziehung für alle Zugriffe auf Objekte des Servers.

3.6 PMS-Dienste

Result(+)

> Der Result(+)-Parameter zeigt an, daß der Dienst erfolgreich bearbeitet wurde.

Version OV (Called)

> Dieser Parameter gibt die Versionskennung des Objektverzeichnisses des Servers an.

Profile Name (Called)

> Dieser Parameter gibt den Profilnamen (Name der anwendungsspezifischen Festlegungen) des Servers an.

Access-Protection-Supported (Called)

> Dieser Parameter enthält das Attribut Access-Protection aus der OV-Objektbeschreibung des Servers (siehe oben).

Password (Called)

> Dieser Parameter enthält das Paßwort, das auf dieser Kommunikationsbeziehung zu allen Zugriffen auf die Objekte des Clients berechtigt.

Access-Groups (Called)

> Dieser Parameter enthält eine Zuordnung des Servers zu bestimmten Zugriffsgruppen. Diese Zuordnung gilt auf dieser Kommunikationsbeziehung für alle Zugriffe auf Objekte des Clients.

Result(-)

> Der Result(-)-Parameter zeigt an, daß der Dienst nicht erfolgreich bearbeitet wurde.

Error Type

> Dieser Parameter enthält Informationen, aus welchem Grund der Dienst nicht erfolgreich bearbeitet werden konnte.

Max-PDU-Sending-High-Prio (Called)

> Dieser Parameter enthält die maximal mögliche Länge der hoch prioren PMS-PDU in Senderichtung, die auf dieser Kommunikationsbeziehung bearbeitet werden kann. Dieser Parameter wird vom aufgerufenen (Called) PMS übertragen und ist kein Bestandteil der Schnittstellen-Primitiven.

Max-PDU-Sending-Low-Prio (Called)

> Dieser Parameter enthält die maximal mögliche Länge der nieder prioren PMS-PDU (Nachricht) in Senderichtung, die auf dieser Kommunikationsbeziehung bearbeitet werden kann. Der Parameter wird vom aufgerufenen (Called) PMS übertragen und ist kein Bestandteil der Schnittstellen-Primitiven.

Max-PDU-Receiving-High-Prio (Called)

> Dieser Parameter enthält die maximal mögliche Länge der hochprioren PMS-PDU in Empfangsrichtung, die auf dieser Kommunikationsbeziehung bearbeitet werden kann. Der Parameter wird vom aufgerufenen (Called) PMS übertragen und ist kein Bestandteil der Schnittstellen-Primitiven.

Max-PDU-Receiving-Low-Prio (Called)

> Dieser Parameter enthält die maximal mögliche Länge der nieder prioren PMS-PDU in Empfangsrichtung, die auf dieser Kommunikationsbeziehung bearbeitet werden kann. Der Parameter wird vom aufgerufenen (Called) PMS übertragen und ist kein Bestandteil der Schnittstellen-Primitiven.

PMS-Services-Supported (Called)

> Dieser Parameter gibt Auskunft darüber, welche Dienste vom Server ausgeführt werden können (siehe PMS-KBL). Der Parameter ist kein Bestandteil der Schnittstellen-Primitiven.

3.6.5.2 Abort

Mit diesem Dienst wird eine bestehende Kommunikationsbeziehung zwischen zwei Kommunikationspartnern abgebaut. Die Verbindung kann sowohl vom Client als auch vom Server abgebaut werden.

Tabelle 3-16: Abort

Parametername	.req	.ind
Argument	M	M
Locally-Generated		M
Abort-Identifyer	M	M
Reason-Code	M	M
Abort-Detail	U	C

Argument

    Das Argument enthält die dienstspezifischen Parameter des Aufrufes.

Locally Generated

    Mit diesem Parameter wird angezeigt, ob der Abbruch lokal oder vom Kommunikationspartner ausgelöst wurde.

Abort Identifier

    Dieser Parameter zeigt an, wo die Ursache für den Verbindungsabbruch erkannt wurde:

        0 <=> User

        1 <=> PMS (Peripherals Message Specification)

        2 <=> LLI (Lower Layer Interface)

        3 <=> Schicht 2

Dieser Parameter ist besonders dann hilfreich, wenn die Verbindung auf Grund eines Fehlers abgebaut wurde.

Reason Code

    Mit diesem Parameter wird der Grund für den Abbruch angegeben.

Abort Detail

    Dieser Parameter enthält zusätzliche Informationen über den Abbruchgrund. Bei Fehlermeldungen von der Anwendung ist die Bedeutung durch anwendungsspezifische Festlegungen (Profiles) bestimmt.

3.6.5.3 Reject

Mit dem Reject-Dienst weist das PMS eine unzulässige PDU (Nachricht) ab. Ein Dienst wird von einem Client abgewiesen, wenn er ihn nicht ausführen kann. Mögliche Gründe sind z.B. unzulässige Daten oder zu lange Nachrichten, die nicht mehr in den Puffer passen.

Tabelle 3-17: Reject

Parametername	.ind
Argument	
Detected-Here	M
Original-Invoke-ID	C
Reject-PDU-Type	M
Reject-Code	M

Argument

    Das Argument enthält die dienstspezifischen Parameter des Aufrufes.

Detected Here

    Dieser Parameter gibt an, ob der Fehler lokal oder beim entfernten Kommunikationspartner erkannt wurde.

3.6 PMS-Dienste

Original Invoke-ID

>Dieser Parameter gibt die Auftragsnummer (Invoke-ID) der zurückgewiesenen PDU an.

Reject PDU-Type

>Dieser Parameter gibt nähere Auskunft über den abgewiesenen Dienst. Damit kann die Ursache näher eingegrenzt werden. Der Parameter enthält Informationen, von welchem Typ die zurückgewiesene PDU ist. Es werden folgende Typen unterschieden:
>
>>1 - Confirmed-Request-PDU
>>
>>2 - Confirmed-Response-PDU
>>
>>3 - Unconfirmed-PDU
>>
>>4 - nicht erkannter PDU-Typ

Reject Code

>Dieser Code gibt die Gründe für die Zurückweisung an.

3.6.5.4 Get-OV

Mit dem Get-OV-Dienst werden eine oder mehrere Objektbeschreibungen ausgelesen. Der Dienst kann in einer Kurz- oder in einer Langform ausgeführt werden. Die Kurzform muß jeder Teilnehmer unterstützen, die Langform ist optional. Die Anzahl der mit dem Get-OV-Dienst übertragbaren Objektbeschreibungen hängt von deren Länge und der maximal zur Verfügung stehenden PDU-Länge ab.

Für das Lesen einer einzelnen Objektbeschreibung ist der Index oder der Name anzugeben. Für das Lesen von mehreren oder allen Objektbeschreibungen ist der Index der ersten gewünschten Objektbeschreibung (Startindex) anzugeben.

Zum Auslesen des gesamten Objekverzeichnisses muß der Get-OV-Dienst in der Regel mehrfach ausgeführt werden.

Tabelle 3-18: Get-OV

Parametername	.req .ind	.res .con
Argument	M	
All Attributes	M	
Access-Specification	M	
Index	S	
Variable-Name	S	
Variable-List-Name	S	
Domain-Name	S	
PI-Name	S	
Startindex	S	
Result (+)		S
Objektbeschreibung		M
More-Follows		M
Result (-)		S
Error-Type		M

Argument

    Dieser Parameter enthält die spezifischen Parameter des Dienstaufrufs.

All-Attributes

    Dieser Parameter gibt an, ob die Objektbeschreibung in Kurz- oder in Langform übertragen werden soll.

    In der Kurzform sind folgende Objekte nicht enthalten (siehe Beschreibung Objektverzeichnis):

- Description
- Password

3.6 PMS-Dienste

- Access-Groups
- Access-Rights
- Local-Address
- Name
- Extension
- Local-Address-OV-OB
- Local-Address-ST-OV
- Local-Address-S-OV
- Local-Address-DV-OV
- Local-Address-DP-OV

Access-Specification

Dieser Parameter gibt an, auf welche Objektbeschreibung zugegriffen werden soll.

Index

Der Index ist die logische Kurzadresse des Objektes auf das zugegriffen werden soll.

Variable-Name

Statt über den Index kann auch über den Namen auf eine Variable zugegriffen werden.

Variable-List-Name

Statt über den Index kann auch über den Namen auf eine Variablen-Liste zugegriffen werden.

PI-Name

Statt über den Index kann auch über den Namen auf eine Programm-Invocation zugegriffen werden.

Domain-Name

Statt über den Index kann auch über den Namen auf eine Domain zugegriffen werden. Dieser Parameter wird z. Z. nicht unterstützt.

Event-Name

    Statt über den Index kann auch über den Namen auf ein Event zugegriffen werden. Dieser Parameter wird z. Z. nicht unterstützt.

Startindex

    Es besteht mit diesem Dienst die Möglichkeit, mehrere Einträge des Objektverzeichnisses gleichzeitig auszulesen. Mit diesem Parameter wird angegeben, ab welchem Index das Objektverzeichnis ausgelesen werden soll.

Result (+)

    Dieser Parameter zeigt an, daß der Dienst erfolgreich abgeschlossen wurde.

Objektbeschreibungsliste

    Je nachdem, ob auf einzelne oder mehrere Objektbeschreibungen gleichzeitig zugegriffen wurde, werden hier die Informationen aus dem Objektverzeichnis hinterlegt. Die Länge ist abhängig von der maximal zur Verfügung stehenden PDU-Länge und der Länge der einzelnen Objektbeschreibungen.

More-Follows

    Mit diesem Parameter wird beim gleichzeitigen Lesen von mehreren Objektbeschreibungen angezeigt, ob noch weitere Objektbeschreibungen vorhanden sind.

Result (-)

    Dieser Parameter zeigt an, daß der Dienst nicht erfolgreich abgeschlossen wurde.

Error-Type

    Dieser Parameter enthält nähere Informationen, warum der Dienst nicht erfolgreich bearbeitet werden konnte.

3.7 Das PNM7-Management

Das Netzwerkmanagement hat neben den PMS-Diensten eine große Bedeutung für die Offenheit eines Systems. Die standardisierten Managementfunktionen erlauben herstellerunabhängige Projektierung, Inbetriebnahme und Diagnose des Parameterdatenkanals.

Die INTERBUS-S-Managementfunktionen orientieren sich ebenso wie die PMS-Dienste an internationalen Standards (ISO 7498) und stellen damit eine durchgängige Kommunikationsstruktur zwischen unterschiedlichen Netzwerken sicher.

Entsprechend den Forderungen nach einer möglichst geringen Komplexität einer Busschnittstelle im Sensor-/Aktorbereich ist es wie bei den PMS-Diensten möglich, aus der Anzahl der spezifizierten Management-Dienste eine auf die Leistungsfähigkeit des jeweiligen Feldgerätes optimierte Untermenge von Diensten zu implementieren.

Die INTERBUS-S-Managementfunktionen werden als Peripherals-Network-Management-Layer7 (PNM7) bezeichnet. Sie umfassen für den Parameterdatenkanal die folgenden Funktionen:

- Konfiguration des Bussystems
- Überwachung und Diagnose des laufenden Bussystems
- Auf- und Abbau einer Management-Verbindung
- lokale PMS-Management-Funktionen

Die Funktionen des PNM7-Managements werden in drei Gruppen aufgeteilt:

- Context-Management
- Configuration-Management
- Fault-Management

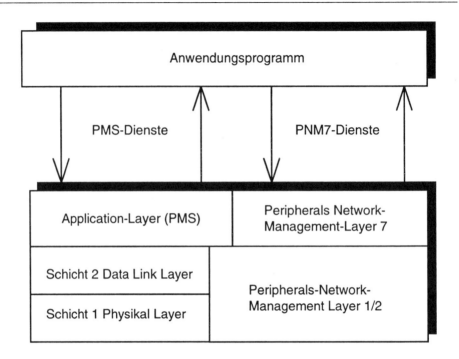

Bild 3-27: Die Anwenderschnittstelle des PNM7-Managements

Context-Management

    Die Funktionen des Context-Managements erlauben es, eine Managementverbindung zu einem Kommunikationsteilnehmer auf- oder abzubauen. Der Aufbau einer Management-Verbindung ist immer dann erforderlich, wenn Management-Dienste auf einem entfernten (remote) Kommunikationsteilnehmer ausgeführt werden sollen. Alle Remote-Management-Dienste sind optional. Für alle Kommunikationsteilnehmer, die Remote-Management-Dienste unterstützen, ist die Unterstützung der Context-Management-Dienste vorgeschrieben (Mandatory).

Configuration-Management

    Die Funktionen des Configuration-Managements erlauben das Lesen und Schreiben von Kommunikationsbeziehungslisten (KBL) der

3.7 Das PNM7-Management

Management-Verbindungen. Außerdem stehen Dienste zur Verfügung, die den Zugriff auf Parameter und Status der Schicht 2 (Data Link Layer) erlauben.

Fault-Management

Die Dienste dieser Gruppe zeigen lokale Fehler und Ereignisse der PCP Kommunikationskomponenten an. Außerdem können lokale PCP-Kommunikationskomponenten zurückgesetzt werden.

Die PNM7-Dienste teilen sich in Dienste auf die lokal wirken und in solche, die auf entfernte (Remote) Kommunikationspartner wirken.

Die lokalen Management-Dienste ermöglichen eine Beeinflussung der eigenen Management-Objekte, ohne daß dadurch eine Busübertragung veranlaßt wird.

Die remote Management-Dienste ermöglichen die Beeinflussung von Management-Objekten auf entfernten Kommunikationsteilnehmern. Diese Dienste arbeiten verbindungsorientiert, d. h. es muß eine Management-Kommunikationsbeziehung zwischen den beiden Teilnehmern aufgebaut sein.

Alle INTERBUS-S-Slave-Teilnehmer, die den Zugriff auf eigene PNM7-Management-Dienste durch einen anderen Kommunikationsteilnehmer (den INTERBUS-S-Master) zulassen, besitzen dafür genau eine festgelegte Management-Verbindung. Nur der Bus-Master als Konfigurations- und Diagnosegerät unterstützt mehrere Remote Management-Verbindungen als Client.

Mit der Festlegung einer fest vorprojektierten (default) Management-Verbindung wird ein einheitlicher herstellerunabhängiger Zugang zu den Kommunikationsteilnehmern für Projektierungs- und Diagnosezwecke ermöglicht. Die Default-Management-Verbindung wird in der Kommunikationsbeziehungsliste (KBL) unter der Kommunikationsreferenz (KR) = 1 eingetragen.

Die lokalen PNM7-Management-Dienste sind eine Untermenge der PNM7-Management-Dienste. Sie erlauben dem Anwendungsprozeß Manipulationen der eigenen PMS-Objekte durchzuführen. Charakteristisch für die lokalen PNM7-Management-Dienste ist es, daß durch sie keinerlei Aktivität auf dem Bus ausgelöst wird.

Die PNM7-Management-Dienste stellen dem Anwendungsprozeß Funktionalitäten zur Verfügung, die die Steuerung der PMS-Dienste über den Parameterdatenkanal erlauben.

Über die PNM7-Management-Dienste stehen dem Anwendungsprozeß die folgenden Funktionalitäten zur Verfügung:

- Schreiben und Lesen der eigenen Kommunikationsbeziehungsliste (KBL)

- Sperren, Freigeben und Rücksetzen der PMS-Dienste

Jeder PNM7-Management-Aufruf durch den Anwendungsprozeß wird als Request-Service-Primitive an das Network-Management abgesetzt und mit der entsprechenden Confirmation Primitive beantwortet.

3.8 Übertragungszeit eines PCP-Dienstes

INTERBUS-S überträgt die schnellen Prozeßdaten und die bedarfsorientierten Parameterdaten über zwei unabhängige Kommunikationskanäle, d. h. die beiden Klassen von Daten werden parallel über INTERBUS-S übermittelt, ohne daß sie sich gegenseitig beeinflussen.

In diesem Kapitel wird die Berechnung der Zeit dargestellt, die zur vollständigen Übermittlung eines PCP-Dienstes über den Parameterdatenkanal benötigt wird. Diese Zeit unterscheidet sich grundsätzlich von der Zykluszeit der Prozeßdaten-Übertragung.

Die Berechnung eines PCP-Dienstes erfolgt entsprechend der folgenden Formel:

$$T_D = T_L + G_m(O_D, N) * Z + T_{L7}$$

T_D : Übertragungszeit eines PCP-Dienstes [ms]

3.8 Übertragungszeit eines PCP-Dienstes

T_L : Latenzzeit 2 * Z [ms]

Es handelt sich hier um eine worst case Betrachtung. D.h., es wurde gerade ein INTERBUS-S-Zyklus gestartet und es muß bis zum Start des nächsten Zyklusses gewartet werden. Ein weiterer Zyklus wird für interne Operationen benötigt.

O_D : dienstabhängiger Overhead [Byte]

Dieser Wert gibt die Anzahl der Byte an, die zusätzlich zu den Nutzdaten übertragen werden (Index, Invoke ID,...).

N: Anzahl der Nutzdaten [Byte]

Z: INTERBUS-S Zykluszeit [ms]

Diese Variable gibt die Zykluszeit für die Übermittlung eines kompletten INTERBUS-S-Summenrahmentelegramms an.

T_{L7}: Schicht 7 Laufzeiten [ms]

Dieser Wert ist die Summe aus den Laufzeiten eines Dienstes durch die Schichten des Clients und des Servers. Er ist abhängig von den verwendeten Geräten.

m: Breite des Parameterdatenkanals [Byte] - 1 Byte (Code-Octet)

Dieser Wert gibt die Anzahl der (Nutz-) Daten-Octets an.

G_m (O_D,N): Anzahl der Zyklen, die zur Übertragung der Overhead- und Nutzdaten benötigt werden.

$$G_m (O_D,N) = ((N + O_D - 1) / m) + 1$$

Die Division durch m ist als ganzzahlige Division durchzuführen, d.h. der entstehende Rest wird abgeschnitten.

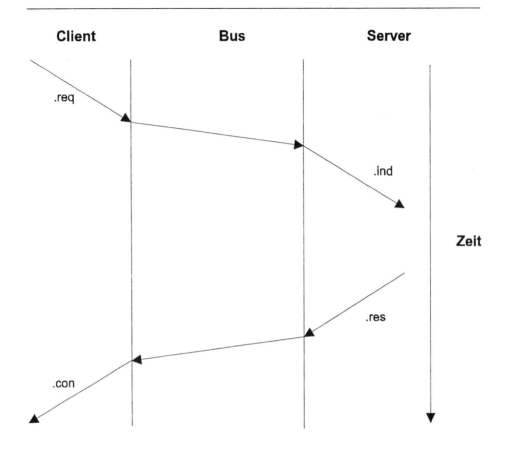

Bild 3-28: Übertragungszeiten von PCP-Diensten

Rechenbeispiel für einen Write-Request-Dienst:

O_D: 7 Byte für einen Write-Request-Dienst

N: 128 Byte (z.B. ein Parametersatz)

Z: 1,5 ms

T_{L7}: 4,0 ms (mittlerer Wert bei heutigen Implementierungen)

3.8 Übertragungszeit eines PCP-Dienstes

Berechnung der Request-Zeit mit einem Parameterkanal von 2 Byte Breite

$m = 2 - 1$

$G_1 = ((128 + 7 - 1) / 1) + 1$

$G_1 = 135$

$T_{D1} = 2 * 1{,}5 \text{ ms} + 135 * 1{,}5 \text{ ms} + 4{,}0 \text{ ms}$

$T_{D1} = 209{,}5$ ms

Berechnung der Request-Zeit mit einem Parameterkanal von 4 Byte Breite

$m = 4 - 1$

$G_3 = ((128 + 7 - 1) / 3) + 1$

$G_3 = 45$

$T_{D3} = 2 * 1{,}5 \text{ ms} + 45 * 1{,}5 \text{ ms} + 4{,}0 \text{ ms}$

$T_{D3} = 74{,}5$ ms

Berechnung der Request-Zeit mit einem Parameterkanal von 8 Byte Breite

$m = 8 - 1$

$G_5 = ((128 + 7 - 1) / 7) + 1$

$G_5 = 20$

$T_{D5} = 2 * 1{,}5 \text{ ms} + 20 * 1{,}5 \text{ ms} + 4{,}0 \text{ ms}$

$T_{D5} = 37$ ms

Rechenbeispiel für einen Write-Response-Dienst

O_D: 4 Byte für einen Write-Response-Dienst

N: 0 Byte (keine Nutzdaten)

Z: 1,5 ms

T_{L7}: 4,0 ms (mittlerer Wert bei heutigen Implementierungen)

Berechnung der Response-Zeit mit einem Parameterkanal von 2 Byte Breite

m = 2 - 1

G_1 = ((0 + 4 - 1) / 1) + 1

G_1 = 4

T_{D1} = 2 * 1,5 ms + 4 * 1,5 ms + 4,0 ms

T_{D1} = 13 ms

Berechnung der Response-Zeit mit einem Parameterkanal von 4 Byte Breite

m = 4 - 1

G_3 = ((0 + 4 - 1) / 3) + 1

G_3 = 2

T_{D3} = 2 * 1,5 ms + 2 * 1,5 ms + 4,0 ms

T_{D3} = 10 ms

3.8 Übertragungszeit eines PCP-Dienstes

Berechnung der Response-Zeit mit einem Parameterkanal von 8 Byte Breite

$$m = 8 - 1$$

$$G_5 = ((0 + 4 - 1) / 7) + 1$$

$$G_5 = 1$$

$$T_{D5} = 2 * 1,5 \text{ ms} + 1 * 1,5 \text{ ms} + 4,0 \text{ ms}$$

$$\mathbf{T_{D5} = 8,5 \text{ ms}}$$

4 Der INTERBUS-S-Systemaufbau

Zur Vernetzung von Geräten haben sich heute unterschiedliche Netzwerktopologien durchgesetzt. In der Feldbustechnik sind vor allem Bus- und Ringstrukturen gebräuchlich. Beide werden von den heute am Markt erhältlichen Feldbussystemen genutzt und haben bestimmte Vor- und Nachteile.

Bei der Busstruktur werden die einzelnen Teilnehmer zumeist passiv über eine Stichleitung an die Busleitung angeschlossen. Hierbei dürfen die Stichleitungslängen einen spezifizierten Bereich nicht überschreiten.

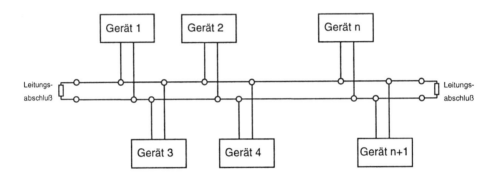

Bild 4-1: Busstruktur mit passiver Kopplung der Teilnehmer

Die Busstruktur mit passiver Kopplung der Busteilnehmer hat vor allem dann Vorteile, wenn Geräte während des laufenden Betriebes aus dem Bus herausgenommen oder eingefügt werden sollen. Dies kann normalerweise geschehen, ohne daß die anderen Busteilnehmer beeinflußt werden.

In der Sensor-/Aktorebene werden im allgemeinen die Teilnehmer zentral mit einer überlagerten Steuerung vernetzt. Hierbei handelt es sich dann um Master / Slave-Systeme, die nur eine Masterstation besitzen (Single Master). Dieser Master sammelt alle Daten der angeschlossenen Sensoren ein und gibt die Ausgangsdaten an die Aktoren aus. Nur der Master hat die Kontrolle über das

4 Der INTERBUS-S-Systemaufbau

Gesamtsystem. Die Slaves antworten nach Aufforderung durch den Master. Häufig ist der Master eine SPS, die z. B. eine Fertigungsinsel steuert. Hierzu muß die SPS ständig alle relevanten Prozeßdaten im Speicherabbild vorhalten. Bei Ausfall eines Teilnehmers muß deshalb das gesamte System gestoppt werden, da keine undefinierten Zustände toleriert werden können. Anschließend beginnt die Suche nach der Fehlerursache und dem Fehlerort. Sind diese bekannt, so kann unter Kontrolle des Anwendungsprogramms bei Bedarf der Rest des Bussystems wieder eingeschaltet werden.

In der Fertigungstechnik ist es sehr wichtig, möglichst schnell Fehlerorte zu finden und somit Stillstandszeiten zu minimieren. Die Ringstruktur hat bei den Fehlerdiagnosemöglichkeiten Vorteile gegenüber der Busstruktur, da durch den ringförmigen Aufbau Fehlerstellen wesentlich schneller zu finden sind.

Bei der Ringstruktur sind die Busteilnehmer im allgemeinen aktiv an das Bussystem gekoppelt. Jeder Busteilnehmer hat einen Empfänger und einen Sender.

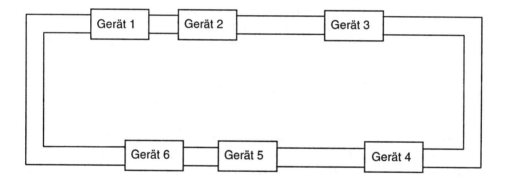

Bild 4-2: Ringstruktur mit aktiver Kopplung der Busteilnehmer

Bei dieser Form der Kopplung werden die Daten durch alle Teilnehmer geschickt. Durch die aktive Kopplung der Busteilnehmer nehmen diese eine Signalaufbereitung vor, so daß große Ausdehnungen des Gesamtsystems auch bei relativ hohen Übertragungsgeschwindigkeiten erreicht werden können. Nachteil ist, daß bei Ausfall eines Teilnehmers das gesamte System gestört ist, da der Ring unterbrochen ist.

4.1 Die INTERBUS-S-Topologie

INTERBUS-S verwendet als Bustopologie das Ringsystem mit aktiver Kopplung der Busteilnehmer. Durch eine Optimierung der einfachen Ringstruktur wurden dessen Nachteile weitgehend eleminiert.

Ausgehend von der Masterstation, der Anschaltbaugruppe, sind alle Teilnehmer aktiv an das Bussystem angeschlossen. Jeder Busteilnehmer hat zwei getrennte Leitungen für den Hin- und Rückweg der Datenübertragung. Dadurch wird die im einfachen Ringsystem notwendige Rückleitung vom letzten Teilnehmer zum ersten Teilnehmer vermieden. Die Hin- und Rückleitungen werden in einem Buskabel geführt. Aus der Sicht der Installation gleicht INTERBUS-S daher den Busstrukturen, da nur ein Kabel von Teilnehmer zu Teilnehmer gezogen wird. Am ersten und letzten Teilnehmer im System ist jeweils nur ein Buskabel angeschlossen.

In Busstrukturen ist es erforderlich, das jeweils am Anfang und am Ende der Busleitung ein Leitungsabschluß mit der charakteristischen Impedanz Z_0 der Leitung, dem Wellenwiderstand, vorgenommen wird. Hierdurch werden Reflexionen der elektromagnetischen Wellen an den Enden der Leitung vermieden.

Die Leitungsabschlüsse dürfen nur an den beiden Enden der Leitung auftauchen. Deshalb werden sie teils getrennt vom Busteilnehmer in Form von Abschlußsteckern, teils direkt in den Teilnehmern im Businterface aufgebaut. Praxiserfahrungen haben gezeigt, daß es im Servicefall häufig zu Fehleinstellungen oder Mehrfachbelegungen kommt, wenn bei Austausch defekter Komponenten die Abschlußwiderstände nicht wieder aktiviert werden, oder wenn bei Geräten, die nicht am Ende der Busleitung liegen, die Abschlußwiderstände aktiviert werden. Die Stillstandszeiten der gesamten Anlage werden hierdurch zusätzlich erhöht, da das Bussystem nicht sofort wieder einwandfrei läuft.

Bei der Ringstruktur mit aktiver Kopplung der Teilnehmer sind keine Abschlußwiderstände nötig, da hier jeweils Punkt-zu-Punkt-Verbindungen zwischen zwei Teilnehmern vorliegen. Die Abschlußwiderstände können daher immer fest in die Geräte eingebaut werden. In jedem Gerät sind so an jedem Sender und an jedem Empfänger die Abschlußwiderstände vorhanden.

4.1 Die INTERBUS-S-Topologie

In der INTERBUS-S-Topologie werden die einzelnen Busteilnehmer anhand ihrer Lage im System unterschieden. Es gibt Anschaltbaugruppen, Buskoppler, Fernbusgeräte und Lokalbusgeräte.

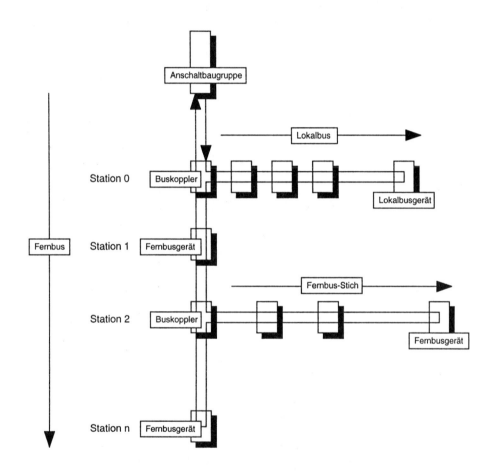

Bild 4-3: Topologie des INTERBUS-S

Die Anschaltbaugruppen verbinden das INTERBUS-S-System mit der überlagerten Steuerung. Von der Anschaltbaugruppe ausgehend wird der Fernbus installiert. An den Fernbus werden die Fernbusgeräte und Buskoppler angeschlossen. Die Buskoppler verbinden Subringsysteme, die als Lokalbus oder Fernbusstich bezeichnet werden, mit dem Fernbus.

Der jeweils letzte Teilnehmer in einem Lokalbus, einem Fernbusstich und im Fernbus erkennt daran, daß kein Stecker auf der weiterführenden Busschnittstelle gesteckt ist, daß er der letzte Busteilnehmer im System oder im Subring ist. Dies wird durch eine Brücke im Stecker des abgehenden Buskabels realisiert. Ist dieser Stecker nicht gesteckt, und damit die Brücke nicht vorhanden, so wird dieses durch den Busteilnehmer erkannt, und er schließt automatisch intern den Ring. Dadurch wird das INTERBUS-S-System sehr installations- und wartungsfreundlich, da bei Austausch einzelner Busteilnehmer keine besondere Konfigurierung (Adresseinstellung, Abschlußwiderstand o. ä.) des neuen Busmoduls vorgenommen werden muß.

4.2 Die INTERBUS-S-Systemeckdaten

Die Anschaltbaugruppe ist der zentrale Master im INTERBUS-S-System, der die gesamte Bussteuerung übernimmt. Seine Aufgaben sind im wesentlichen

- das Starten von Identifikations- und Datenzyklen
- die Adressierung der Teilnehmer
- das Einlesen der Eingangsdaten von den Busteilnehmern und die Übergabe dieser Daten an das Steuerungssystem
- die Übernahme der Ausgangsdaten vom Steuerungssystem und die Ausgabe dieser Daten an die Busteilnehmer
- die Fehlerdiagnose mit Fehlerortbestimmung
- Reset des Systems
- das Ein- und Ausschalten einzelner Bussegmente
- die Kommunikation mit intelligenten Teilnehmern über den Parameterdatenkanal

4.2 Die INTERBUS-S-Systemeckdaten

Diese Aufgaben erfordern eine entsprechende Rechenleistung des INTERBUS-S-Masters. Die heute verfügbaren Anschaltbaugruppen sind deshalb mit einem leistungsfähigen Mikroprozessor ausgerüstet, der ausschließlich die INTERBUS-S-Masterfunktionalität ausführt.

Viele der heute vorhandenen Anschaltbaugruppen basieren auf dem IBS MA Board von Phoenix Contact. Einige Teile der INTERBUS-S-Eckdaten basieren auf Festlegungen in der Firmware des IBS MA Boards, und stellen heute die Maximalwerte dar. Deshalb wird das IBS MA Board kurz mit seinen Leistungsdaten vorgestellt.

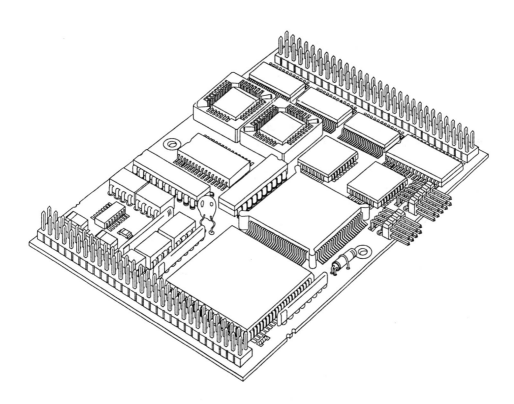

Bild 4-4: Master Aufsteckboard IBS MA von Phoenix Contact

Das IBS MA Board ist ein universelles Aufsteckboard, und enthält einen 68 332 Mikroprozessor, die komplette INTERBUS-S-Masterfirmware, das INTERBUS-S-Masterasic IPMS sowie die Schnittstellen zur Kopplung an

- das Steuerungssystem (Multi-Ported-Memory, MPM),
- INTERBUS-S,
- die Diagnosefrontblende,
- die V24-Schnittstelle.

Ausgehend von der Anschaltbaugruppe wird der INTERBUS-S-Fernbus installiert. Fernbusteilnehmer werden dezentral aufgebaut, und können bei kupfergebundener Übertragung bis zu 400m Distanz überbrücken. Da bei INTERBUS-S keine Adressierung der Teilnehmer durch das Protokoll vorgegeben wird, ist die maximale Anzahl der Teilnehmer durch die Masterfirmware vorgegeben. Die auf dem IBS MA Board implementierte Firmware läßt bis zu 256 Fernbusteilnehmer zu.

Theoretisch könnten bei INTERBUS-S 102 km Distanz (= 256 * 400m) bei kupfergebundener Übertragung überbrückt werden. Es wird zur Zeit allerdings nur eine maximale Ausdehnung des Systems von 12,8 km garantiert, um den Testaufwand für die Maximalkonfiguration in vertretbaren Grenzen zu halten. Noch größere Entfernungen können z. B. durch Einsatz anderer Übertragungsmedien erreicht werden. So sind bei Einsatz von Glasfaserkabel schon heute Entfernungen von mehr als 80 km möglich.

Die INTERBUS-S-Fernbusteilnehmer besitzen jeweils eine lokale Spannungsversorgung, sowie eine galvanische Trennung zum weiterführenden INTERBUS-S-Segment. Zum Mediumzugriff werden RS 485-Treiber eingesetzt.

Fernbusteilnehmer können sowohl einfache Ein- / Ausgabegeräte, als auch Koppler zu unterlagerten Subringen sein. Mischformen (sog. E/A-Buskoppler) sind ebenfalls möglich.

An die Buskoppler werden die unterlagerten Subringe angeschlossen. Dazu haben sie neben der eigenen INTERBUS-S-Schnittstelle noch eine weitere Schnittstelle zu unterlagerten Subringen. Dies können sowohl Fernbussegmente als auch Lokalbussegmente sein. Zur Unterstützung der Fehlerdiagnose sind die

4.2 Die INTERBUS-S-Systemeckdaten

Buskoppler und Fernbusgeräte in der Lage, die weiterführenden Busschnittstellen unter Kontrolle des INTERBUS-S-Masters ein- und auszuschalten.

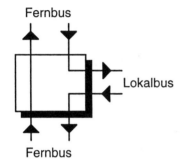

Buskoppler mit Lokalbus- und Fernbusschnittstelle

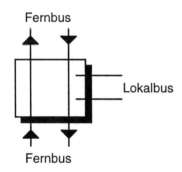

Buskoppler mit ausgeschalteter Lokalbus- und eingeschalteter Fernbusschnittstelle

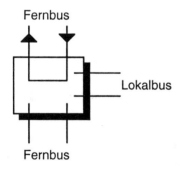

Buskoppler mit ausgeschalteter Lokalbus- und ausgeschalteter Fernbusschnittstelle

Bild 4-5: Ein- und Ausschaltfähigkeit der Busschnittstellen bei Buskopplern

Der Lokalbus findet dort Einsatz, wo es darum geht, viele Signale mit geringen Distanzen zueinander an die Busteilnehmer anzuschließen. Typischer Einsatzort ist der Schaltschrank. Hier werden alle Signalleitungen der Sensoren und Aktoren zusammengeführt und dann an die Busmodule angeschlossen. Die großen Abstände zwischen zwei Busteilnehmern wie im Fernbus sind hier also nicht gefordert. Aus diesem Grund wird in den Lokalbusgeräten auf die RS 485-Treiber verzichtet, und die Datenübertragung mit TTL-Pegeln vorgenommen. Hierdurch sind natürlich Einschränkungen bezüglich der maximalen Ausdehnung hinzunehmen. So können zwischen zwei Lokalbusgeräten Distanzen von maximal 1,5 m überbrückt werden, und eine maximale Ausdehnung des Lokalbussegmentes von 10 m ist möglich. Durch die geringen Entfernungen von Gerät zu Gerät sind bezüglich der Störfestigkeit der Geräte keine Einbußen hinzunehmen.

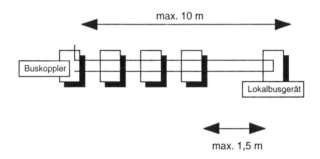

Bild 4-6: Ausdehnung des Lokalbus

Zusätzlich zu den Datenleitungen führen die Buskabel des Lokalbus noch die Spannungsversorgungsleitungen für die Buslogik der Lokalbusgeräte. Diese Spannungsversorgung wird zentral durch das Netzteil des Buskopplers für alle Lokalbusteilnehmer übernommen. Dadurch benötigen diese lediglich eine lokale Spannungsversorgung für ihre Ein- /Ausgabeperipherie.

Aufgrund der zentralen Versorgung der Lokalbusteilnehmer und der nicht regenerierten Timings der Signale, ist die Anzahl der Teilnehmer im Lokalbus begrenzt. Die physikalische Grenze wird durch den maximal möglichen Strom vorgegeben, den das Netzteil des Buskopplers liefern kann. Logisch besteht eine Grenze durch die Masterfirmware. Von der Firmware des IBS MA Boards werden maximal 8 Lokalbusteilnehmer pro Buskoppler unterstützt, so daß selbst

4.2 Die INTERBUS-S-Systemeckdaten

bei einem leistungsfähigeren Netzteil im Buskoppler nicht mehr Lokalbusteilnehmer angeschlossen werden können.

Insgesamt läßt die Firmware des IBS MA Boards 256 Lokalbusgeräte, verteilt auf bis zu 256 Buskoppler zu. Die Zahl von 8 Teilnehmern pro Lokalbus, 256 Lokalbusteilnehmern insgesamt und maximal 256 Buskopplern ist also ausschließlich eine Beschränkung der heutigen Masterrealisierungen. In der Zukunft können diese Werte durchaus an wachsende Anforderungen angepaßt werden.

Das von den Fernbusteilnehmern unterstützte Ein- und Ausschalten der weiterführenden Busschnittstelle wird von den Lokalbusteilnehmern nicht unterstützt. Lokalbusse werden daher immer komplett ein- oder ausgeschaltet.

Eine galvanische Trennung von Buslogik und Peripherie ist in den Lokalbusteilnehmern nicht gefordert. In vielen Fällen wird sie trotzdem eingebaut, um die Störfestigkeit des Systems bei kritischen Applikationen, wie z. B. die Anschaltungen eines Antriebsreglers, zu erhöhen.

Wird das Ein- und Ausschalten von Busteilnehmern gefordert, und sind die Distanzen zwischen zwei Busteilnehmern größer als 1,5 m, so kann statt des Lokalbus ein Fernbusstich verlegt werden. Die Möglichkeit des Ein- und Ausschaltens ist dann durch den Einsatz des Buskopplers gegeben. Der Buskoppler hat dann statt einer weiterführenden Lokalbusschnittstelle eine dritte Fernbusschnittstelle.

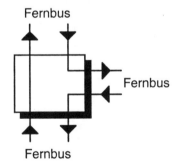

Bild 4-7: Buskoppler mit Anschluß für einen Fernbusstich

Die Geräte im Fernbusstich sind E/A-Module mit Fernbusschnittstelle. Der Einsatz von weiteren Buskopplern zum Aufbau von Baumstrukturen in diesem

Fernbusstich wird durch die Masterfirmware des IBS MA Boards nicht unterstützt.

Eine besondere Variante des Fernbusstich ist der Installationsfernbus. Als Buskabel wird hierbei ein hybrides Kabel verwendet, das neben den Busleitungen noch Leitungen größeren Querschnitts enthält zur Übertragung der Spannungsversorgung für die Fernbusmodule. Äußerlich ähnelt der Installationsfernbus daher dem Lokalbus.

Über Spannungsversorgungsleitungen können mehrere Teilnehmer im Installationsfernbus mit Spannung versorgt werden. Bei zur Zeit verfügbaren Implementierungen ist ein maximaler Strom von 4,5 A zulässig. Aus diesem Grund wurden als Busanschlüsse besondere Stecker spezifiziert, die in der Lage sind, über die Steckerpins diese Ströme zu übertragen.

Tabelle 4-1: Eckdaten des INTERBUS-S

Fernbus, Installationsfernbus	
max. Teilnehmeranzahl	256
Busanschluß	9-polig D-SUB, 9-polig Rund (IP 65) Schraubklemmen
max. Distanz zwischen zwei Fernbusteilnehmern	400 m
max. Ausdehnung des gesamten Systems	12,8 km Kupferkabel > 80 km Glasfaser
galv. Trennung	zur weiterführenden INTERBUS-S-Schnittstelle und zur Peripherie
Spannungsversorgung der Teilnehmer (Buslogik)	lokal oder über hybrides Buskabel (Installationsfernbus)
Diagnose	Diagnose LEDs Ein- und Ausschaltfähigkeit der weiterführenden Busschnittstellen

4.2 Die INTERBUS-S-Systemeckdaten

Lokalbus	
max. Teilnehmeranzahl:	8 pro Lokalbus 256 insgesamt
Busanschluß	15-polig D-SUB
max. Distanz zwischen zwei Lokalbusteilnehmern	1,5 m
max. Ausdehnung des Lokalbus	10 m
galv. Trennung	optional
Spannungsversorgung der Teilnehmer (Buslogik)	über Buskabel (max. 1A)
Diagnose	Diagnose LEDs

Die wesentlichen Teile der INTERBUS-S-Systemeckdaten, wie maximale Teilnehmeranzahl und maximale Ausdehnung des Systems, sind nicht abhängig vom verwendeten Protokoll.

Bei nachrichtenorientierten Bussystemen wird die maximale Teilnehmeranzahl durch das Adreßfeld im Protokollrahmen vorgegeben. So können bei einer 8-Bit Adresse nur maximal 256 verschiedene Teilnehmer adressiert werden. Das INTERBUS-S-Summenrahmenprotokoll benötigt keine Teilnehmeradressen, und kennt daher keine Begrenzung der Teilnehmeranzahl. Hier ist die maximal mögliche Teilnehmeranzahl durch die Kapazität der Anschaltbaugruppe (Rechenleistung und Speicher) begrenzt.

Die maximal zulässige Ausdehnung eines Bussystems ist direkt abhängig von der verwendeten Übertragungsgeschwindigkeit, und nimmt mit steigender Übertragungsgeschwindigkeit ab. Pro Segment sind deshalb nur bestimmte maximale Distanzen bei bestimmten Übertragungsraten zulässig. Diese werden für die jeweiligen Bussysteme speziell angegeben. Durch die Verwendung von Repeatern, die die Bussignale auffrischen, können weitere Segmente angeschlossen werden. Die maximale Anzahl der Repeater ist ebenfalls von der Übertragungsgeschwindigkeit abhängig, und nimmt ebenfalls mit steigender Übertragungsgeschwindigkeit ab. Bussysteme mit Busstrukturen können deshalb bei Übertragungsgeschwindigkeiten von mehr als 500 kBaud nur relativ geringe Distanzen überbrücken, die häufig nur im Bereich von 1000 m liegen.

Bei INTERBUS-S arbeitet jedes Fernbusgerät als Repeater, so daß zwischen jeweils zwei Fernbusgeräten eine maximale Distanz von 400 m bei kupfergebundener Übertragung überbrückt werden kann.

5 Die INTERBUS-S-Systemdiagnose

Die Systemdiagnose spielt in der praktischen Anwendung eine entscheidende Rolle. Mit ihrer Hilfe müssen in den immer komplexer werdenden Anlagen Fehler schnell lokalisiert und dem Anwender in verständlicher Form angezeigt werden. Dieser muß mit den ihm zur Verfügung stehenden Informationen versuchen, den Fehler schnell zu beheben, und so die Anlagenstillstandzeit zu minimieren. Beim Betreiben der Anlagen wird deshalb speziell geschultes Servicepersonal eingesetzt, das allein für die Instandhaltung der Anlage zuständig ist.

Bei der Parallelverdrahtung wird der Servicetechniker nur durch einige Diagnose-LEDs und durch sein Meßgerät bei der Fehlersuche und -behebung unterstützt. Deshalb sind hier Fehlerstellen oft nur sehr schwer zu finden, und die Stillstandszeiten häufig unnötig lang.

Feldbussysteme bieten hier entscheidende Vorteile, denn mit ihrer Hilfe wird zunächst die aufwendige Parallelverkabelung reduziert, und außerdem die Systemdiagnose bis an den einzelnen Sensor und Aktor gebracht. So sind heutige Busmodule in der Lage, neben der Eigendiagnose noch weitere Überprüfungen durchzuführen wie z. B. auf Kurzschluß und Drahtbruch. Der Servicetechniker bekommt somit wichtige Hinweise auf die Fehlerorte und Fehlerarten im System.

In der Sensor-/Aktorebene werden sehr viele Busteilnehmer und Sensoren / Aktoren in den Anlagen eingesetzt. Deshalb spielt hier die Systemdiagnose eine wichtige Rolle. INTERBUS-S verwendet ein abgestuftes Diagnosekonzept, das von den einzelnen Sensoren und Aktoren bis hinauf zur Anschaltbaugruppe sämtliche Teilnehmer überwacht und diagnostiziert. Die Auswertung der Diagnosedaten ist im wesentlichen von der Firmware der Anschaltbaugruppen abhängig, und ist damit abhängig von der jeweiligen Implementierung. Die meisten der heute verfügbaren Anschaltbaugruppen basieren auf dem IBS MA Board von Phoenix Contact, deshalb wird im folgenden auf die Firmware dieses Aufsteckboards eingegangen.

5.1 Diagnoseanzeige der Anschaltbaugruppen

Die zentrale Stelle im INTERBUS-S System ist die Anschaltbaugruppe. Hier ist die Schnittstelle zum überlagerten Steuerungssystem, und es laufen alle Informationen, die über das Bussystem übertragen werden, zusammen. Die Anschaltbaugruppe spielt deshalb eine entscheidende Rolle im INTERBUS-S-Diagnosekonzept. Das IBS MA Board hat eine aufwendige Fehlerdiagnose in der Firmware implementiert, und stellt diese Informationen dem Hersteller der Anschaltbaugruppen zur Verfügung. Die Informationen können mit Hilfe einer Diagnoseanzeige visualisiert werden. Anhand einer Diagnosefrontblende einer INTERBUS-S-DCB-Anschaltbaugruppe (Diagnostic Controller Board) soll hier die Diagnosemöglichkeit exemplarisch vorgestellt werden.

Auf den Frontblenden der meisten Anschaltbaugruppen werden im wesentlichen folgende Informationen angezeigt:

- Betriebs- und Funktionsanzeigen
- Fehleranzeigen
- E/A-Statusanzeigen
- Steuerungsspezifische Anzeigen

Zur Überwachung der Anschaltbaugruppe sowie der Schnittstelle zum Steuerungssystem besitzt die DCB Anschaltbaugruppe 4 LEDs und eine 7-Segment-Anzeige als Betriebs- und Funktionsanzeigen. Mit Hilfe dieser LEDs werden die Zustände des

- READY
- RUN
- BSA
- BASP (steuerungsspezifisch)

Signale angezeigt.

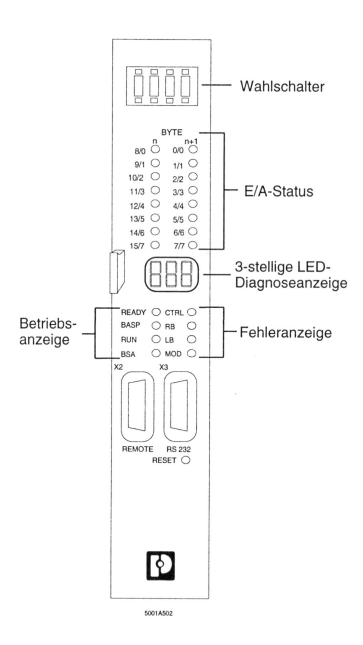

Bild 5-1: Möglichkeiten einer Diagnoseanzeige am Beispiel einer DCB-Anschalt-baugruppe von Phoenix Contact

5.1 Diagnoseanzeige der Anschaltbaugruppen

Die READY LED zeigt an, ob die Anschaltbaugruppe den Selbsttest fehlerfrei durchlaufen hat und betriebsbereit ist (EIN) oder ob auf der Anschaltbaugruppe ein Fehler vorliegt (AUS).

Mit Hilfe der RUN LED zeigt die Anschaltbaugruppe an, ob über INTERBUS-S Daten übertragen werden (EIN), oder ob INTERBUS-S im Stop-Zustand ist (AUS). In diesem Fall werden keine Daten über INTERBUS-S übertragen.

Das BSA-Signal (Bus Segment Abgeschaltet) wird genutzt, um anzuzeigen, ob Bussegmente abgeschaltet wurden (EIN), oder ob das gesamte angeschlossene INTERBUS-S-System in Betrieb ist. Sind Bussegmente abgeschaltet, so läuft INTERBUS-S mit der verbleibenden Buskonfiguration weiter.

Das BASP-Signal ist steuerungsspezifisch, und wird deshalb nicht näher erläutert.

Neben den Betriebs- und Funktionsanzeigen besitzen die Anschaltbaugruppen Fehler-LEDs zur Anzeige von Fehlern auf der Anschaltbaugruppe oder im angeschlossenen INTERBUS-S-System. Mit Hilfe dieser LEDs werden die Zustände

- CTRL,
- RB,
- LB,
- und MOD.

angezeigt.

Die 7-Segment-Anzeige wird hierbei dazu benutzt, genauere Angaben über die Fehlerart bzw. den Fehlerort zu machen.

Mit Hilfe der CTRL-LED zeigt die Anschaltbaugruppe an, daß sich ein Fehler auf der Anschaltbaugruppe befindet (EIN). Dieser Fehler kann sowohl ein technisches Problem der Anschaltbaugruppe sein, als auch ein Anwenderfehler durch falsche Einstellungen in der Parametrierungssoftware. Zusätzlich zur CTRL-LED wird ein begleitender Fehlercode in der 7-Segment-Anzeige angezeigt. Dieser Fehlercode gibt genauere Auskunft über die Art des Fehlers. Mit Hilfe des Handbuchs zur Anschaltbaugruppe kann dann der Fehler schnell lokalisiert werden.

Die RB-LED zeigt an, ob Fehler im INTERBUS-S-Fernbus (Remote Bus) vorliegen (EIN), oder ob dieser einwandfrei betrieben werden kann (AUS). In der 7-Segment-Anzeige wird die Nummer des Fernbussegmentes angezeigt, in dem der Fehler gefunden wurde. Sind mehrere Fernbussegmente fehlerhaft, so wird die Nummer des ersten fehlerhaften Segmentes angezeigt. Fernbusfehler sind schwerwiegende Fehler wie z. B. ein Defekt des Fernbuskabels, und führen aus Sicherheitsgründen zum Stop des INTERBUS-S-Systems. In diesem Fall geht das System in den sicheren Zustand, d. h. alle Ausgänge werden auf Null gesetzt, und die Eingangsdaten werden nicht mehr aktualisiert.

Ist ein defekter Lokalbus diagnostiziert worden, so wird die LB-LED (Local Bus) gesetzt (EIN). In der 7-Segment-Anzeige wird jetzt die Nummer des defekten Lokalbusses angezeigt. Auch der Lokalbusfehler ist ein schwerwiegender Fehler, und führt sofort zum Stop des INTERBUS-S-Systems. Mit Hilfe der Abschaltfähigkeit der Buskoppler kann dieses fehlerhafte Lokalbussegment ausgeschaltet, und der Rest des INTERBUS-S-Systems weiterbetrieben werden. Dies wird nicht von der Anschaltbaugruppe automatisch vorgenommen, sondern muß vom Steuerungsprogramm initiiert werden.

Die MOD-LED zeigt an, ob ein MODul Fehler gemeldet wurde (EIN) oder ob alle INTERBUS-S-Module einwandfrei arbeiten. Eine Möglichkeit für einen Modul-Fehler ist z. B. ein Kurzschluß an den Ausgängen eines Moduls. In diesem Fall setzt das Modul das Modulfehler Bit (vgl. Kapitel Der Identifikationscode), und in der 7-Segment-Anzeige wird die Nummer des Segmentes angezeigt, in dem sich das meldende Modul befindet. Ein Modulfehler führt nicht automatisch zu einem Stop des INTERBUS-S-Systems, sondern der Anwender kann in seinem Anwendungsprogramm entscheiden, ob das System gestoppt werden muß oder nicht. Robotersteuerungen verwenden z. B. das Modulfehler-Signal, um dem Anwendungsprogramm mitzuteilen, daß der Roboter ausgeschaltet wurde.

Die Fehler, die auftreten können, werden im INTERBUS-S-System unterschiedlich gewichtet. CTRL, RB und LB Fehler haben die höchste Priorität 1. Der MOD Fehler hat die Priorität 2, und wird unter Umständen durch einen gleichzeitig auftretenden Fehler der Priorität 1 überschrieben. Bei Fehlern gleicher Priorität werden diese in der Reihenfolge ihres Auftretens angezeigt.

Neben den Betriebs-, Funktions- und Fehleranzeigen besitzen die INTERBUS-S-Anschaltbaugruppen eine E/A-Statusanzeige. Diese Anzeige der Zustände der Ein- und Ausgänge, die über INTERBUS-S übertragen werden, ist angelehnt an die Statusanzeige der parallelen Ein- /Ausgabebaugruppen von Speicherprogrammierbaren Steuerungen. Auf diesen parallelen E/A-Baugruppen ist für jeden Ein- oder Ausgang eine LED vorgesehen, die den Status des angeschlossenen Sensors oder Aktors anzeigt. Da mit einer einzigen INTERBUS-S-

Anschaltbaugruppe mehrere Tausend Sensoren und Aktoren mit der Steuerung verbunden werden können, ist es unter anderem aus Platz- und Kostengründen nicht sinnvoll für jeden möglichen Ein- und Ausgang eine LED auf der Frontblende anzubringen. Um hier übersichtlich und einfach den E/A-Status anzuzeigen, wurden ein 4-stelliger Codierschalter und 16 LEDs eingebaut. Mit Hilfe des Codierschalters wird die E/A-Adresse eingestellt, und über die 16 Status-LED's wird dann der Status der dort angeschlossenen Ein- oder Ausgänge angezeigt. Mit Hilfe dieser E/A-Statusanzeige kann der Servicetechniker sehr schnell eventuell vorhandene Verkabelungsfehler finden.

Die zentrale Systemdiagnose ist auf fast allen INTERBUS-S-Anschaltbaugruppen durch das IBS MA Board vorhanden. Der Vorteil dieser Art der Systemdiagnose ist, daß sie ohne zusätzliche Hardware wie Hand Held Monitor, oder PCs mit Diagnosesoftware, betrieben werden kann. Ein weiterer Vorteil ist, daß diese Systemdiagnose auf den Anschaltbaugruppen, und damit in Verbindung mit verschiedenen Steuerungssystemen, gleich funktioniert. Anwender, die mehrere verschiedene Steuerungen einsetzen, müssen somit bei Instandhaltung und Wartung des Systems nicht umlernen.

5.2 Diagnoseanzeige der INTERBUS-S-Geräte

Neben der zentralen Fehler- und Statusanzeige auf der Anschaltbaugruppe verfügt jedes INTERBUS-S-Gerät über eigene LEDs zur Anzeige von Bus- und Peripheriestatus. Hierdurch ist eine Vor-Ort-Diagnose an den INTERBUS-S-Geräten möglich. Die meisten dieser Diagnose-LEDs müssen auf den INTERBUS-S-Geräten vorhanden sein. Dies wird durch den INTERBUS-S-Konformitätstest überprüft.

Durch die unterschiedlichen Funktionalitäten der Fern- und Lokalbusgeräte sind teilweise unterschiedliche Diagnose-LED's angebracht. Fernbusgeräte verfügen über die Diagnose-LEDs

- UL,
- RC,
- BA,

- LD
- E,
- und RD.

Die LED UL (grün, muß vorhanden sein) zeigt an, ob die Versorgungsspannung am Gerät anliegt (EIN) oder nicht (AUS).

Über die RC LED (grün, Remotebus Check, muß vorhanden sein) wird angezeigt, ob die Fernbusverbindung zum vorhergehenden INTERBUS-S-Gerät in Ordnung ist (EIN), oder ob in dieser Fernbusverbindung eine Unterbrechung vorliegt (AUS).

Mit Hilfe der BA LED (grün, Bus Activ, muß vorhanden sein) wird angezeigt, ob über INTERBUS-S-Daten ausgetauscht werden (EIN), oder ob INTERBUS-S sich im Stoppzustand befindet.

Die LD LED (rot, Localbus Disabled, muß vorhanden sein) zeigt an, ob der an den Buskoppler angeschlossene Lokalbus ausgeschaltet ist (EIN), oder ob dieser über die Lokalbusschnittstelle betrieben wird (AUS).

Liegt im angeschlossenen Lokalbus ein Fehler vor, so leuchtet die LED E (rot, Error, muß vorhanden sein).

Ist der weiterführende Fernbus ausgeschaltet, so wird dies über die RD LED (rot, Remotebus Disabled, muß vorhanden sein) gemeldet.

Zusätzlich zu den Zustands-LEDs können Buskoppler optional einen Rekonfigurationseingang und einen Alarmausgang eingebaut haben. Mit Hilfe des Rekonfigurationseingangs kann z. B. über einen Taster dem Anwendungsprogramm mitgeteilt werden, wenn das INTERBUS-S-System neu konfiguriert werden soll, d. h. wenn ausgeschaltete Lokalbussegmente wieder eingeschaltet werden sollen. Diese Funktion wird dann benutzt, wenn während des Betriebes Teile der Anlage gewollt, beispielsweise für Werkzeugwechsel, aus- und später wieder eingeschaltet werden sollen. Zum Ausschalten der Bussegmente wird dem Applikationsprogramm über einen Eingang mitgeteilt, daß vorübergehend einzelne Busschnittstellen in Buskopplern ausgeschaltet werden sollen. Die Anschaltbaugruppe schaltet anschließend unter Kontrolle des Applikationsprogramms diese Busschnittstellen aus. Später werden die Bussegmente nach Betätigen des Rekonfigurationseingangs wieder von der Anschaltbaugruppe eingeschaltet.

Über den Alarmausgang können Störungszustände des Systems angezeigt werden. So können Fehler im System z. B. über Leuchtanzeigen oder akustische Signale dem Anwender mitgeteilt werden.

Lokalbusgeräte verfügen an der Busschnittstelle über die UL LED (grün, muß vorhanden sein), mit deren Hilfe angezeigt wird, ob die Spannung für die Buslogik über das Buskabel anliegt (EIN), oder nicht (AUS). Ist die UL LED nicht EIN, so liegt ein Problem in der Lokalbusverkabelung oder in der Hardware des Moduls vor. Ist z. B. ein Lokalbuskabel unterbrochen, so leuchten alle UL LEDs bis zur Fehlerstelle, dahinter sind die UL LEDs der angeschlossenen Lokalbusmodule aus.

Je nach Funktionalität des Lokalbusgerätes können zusätzlich zu den Diagnose-LEDs der Busschnittstelle Status-LEDs für die Zustände der Ein- und Ausgänge, sowie für die Versorgungsspannung der Peripherie vorhanden sein. Im allgemeinen ist für jeden Eingang und Ausgang eine LED vorhanden, die den Status anzeigt, und weitere LEDs zeigen Kurzschlüsse, Überlast u. ä. an.

Handelt es sich bei dem Gerät um ein kommunikationsfähiges Gerät, so ist bei Fern- und Lokalbusgeräten gleichermaßen die TR LED (grün, Transmit Receive, muß in diesem Fall vorhanden sein) vorhanden. Mit ihrer Hilfe wird angezeigt, ob zur Zeit Kommunikationstelegramme zwischen diesem Teilnehmer und der Anschaltbaugruppe übertragen werden, oder nicht.

5.3 Bestimmung des Fehlerortes

Zu einer komplexen Fehlerdiagnose gehört eine sichere und zuverlässige Bestimmung des Fehlerortes. Der Busmaster muß in der Lage sein, automatisch den Fehlerort zu finden, und diesen dem Anwender anzuzeigen. Hierbei spielt die verwendete Busstruktur eine entscheidende Rolle.

Bei nachrichtenorientierten Bussystemen mit einer Busstruktur wird zu einer Zeit immer nur ein Telegramm zu einem Teilnehmer übertragen.

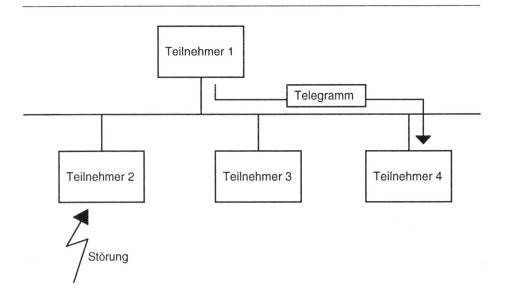

Bild 5-2: Auswirkung von Störungen in Busstrukturen

Eine Störung, die über einen bestimmten Teilnehmer, oder in der Nähe hiervon in das System einwirkt, kann so auch Telegramme zerstören, die nicht an den Teilnehmer selber, sondern zu unter Umständen weit entfernt liegenden Teilnehmern gerichtet sind. So wird die exakte Fehlerortbestimmung nahezu unmöglich.

INTERBUS-S überwacht mit dem CR-Check in jedem Teilnehmer jeweils die Übertragungsstrecke zwischen zwei Teilnehmern, und kann so bei CRC-Fehlern das Segment bestimmen, in dem der Fehler aufgetreten ist.

Die Leistungsfähigkeit dieser Fehlerortung wird im wesentlichen durch die Firmware der Anschaltbaugruppe bestimmt. Anhand einer Unterbrechung eines Lokalbuskabels soll im folgenden dargestellt werden, wie die Firmware des IBS MA Boards eine solche Fehlerortung durchführt.

Tritt eine Unterbrechung in einem Buskabel auf, so ist das gesamte Ringsystem an dieser Stelle unterbrochen. Aus diesem Grund ist keine Kommunikation im System mehr möglich. Die Busteilnehmer, die hinter dieser Fehlerstelle liegen, erkennen, daß keine Aktivität mehr auf den Busleitungen vorhanden ist und beginnen mit der Messung der Unterbrechungszeit. Nach 256 µs schalten die Fernbusteilnehmer, die hinter der Fehlerstelle liegen, ihre weiterführenden Bus-

5.3 Bestimmung des Fehlerortes

schnittstellen aus. Dauert die Unterbrechung länger als 25 ms, so gehen alle Busteilnehmer, die hinter der Fehlerstelle liegen, in den sicheren Zustand, d. h. es werden zusätzlich zum Ausschalten der weiterführenden Busschnittstellen die Ausgänge der E/A-Module auf Null gesetzt.

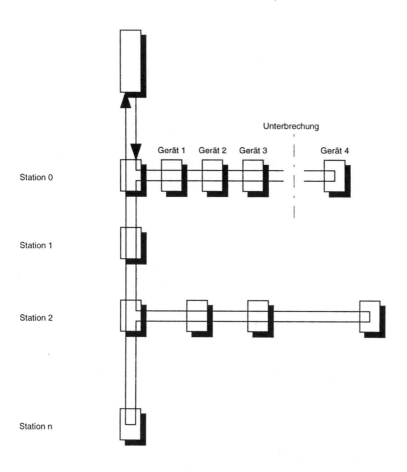

Bild 5-3: Fehlerortung im INTERBUS-S-System bei Unterbrechung eines Buskabels

Die Firmware der Anschaltbaugruppe hat die Buskonfiguration gespeichert, die vor dem Auftreten des Fehlers angeschlossen war. Sie erkennt die Unterbrechung des Ringsystems daran, daß keine Daten mehr empfangen werden, bzw. daß durch den SL-Check eine Unterbrechung der Leitungen festgestellt wird.

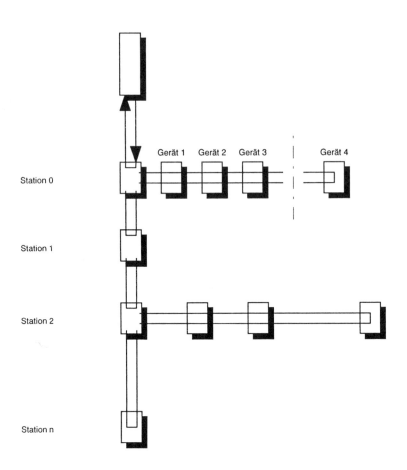

Bild 5-4: Signalwege im INTERBUS-S-System bei Kabelbruch und Reset der Busteilnehmer

Nach dem Erkennen des Fehlers wird versucht, über Identifikationszyklen die vorhandene Buskonfiguration einzulesen, und mit der ursprünglichen Konfiguration zu vergleichen. Ist der Fehler immer noch vorhanden, so können auch keine Identifikationszyklen fehlerfrei ausgeführt werden. Es wird mehrfach versucht, Identifikationszyklen zu fahren. Die Anzahl der Versuche kann in der

5.3 Bestimmung des Fehlerortes

Firmware des IBS MA Boards parametriert werden (Defaultwert 32). Sind hierbei keine fehlerfreien Zyklen vorhanden, so wird von der Anschaltbaugruppe ein Reset ausgelöst. Mit diesem Reset werden alle Geräte, die vor der Fehlerstelle liegen, zurückgesetzt. Nach diesem Reset haben alle Fernbusteilnehmer ihre weiterführenden Schnittstellen ausgeschaltet, und die E/A-Geräte haben zusätzlich die Ausgänge auf Null gesetzt.

Nach dem Reset des gesamten INTERBUS-S-Systems beginnt die Anschaltbaugruppe mit Hilfe von ID-Zyklen mit der Bestimmung des Fehlerortes.

Mit dem ersten ID-Zyklus wird der Firmware nur der ID-Code des ersten Fernbusteilnehmers gemeldet, da dieser im Reset-Zustand die weiterführenden Schnittstellen zum Fernbus und zum angeschlossenen Lokalbus ausgeschaltet hatte. Bei diesem ID-Zyklus sendet der Master als Steuerdaten nur Loopbackworte aus. Die Loopbackworte zeichnen sich dadurch aus, daß das höchstwertige Bit (Maskierung) auf 1 gesetzt ist. Dieses Bit wird bei der Datenübernahme durch die Teilnehmer ausgewertet. Ist dieses Bit 1 so werden die weiterführenden Busschnittstellen des Teilnehmers nicht geschaltet.

Mit dem zweiten ID-Zyklus sendet der Master hinter dem Loopbackwort die Steuerinformation für den ersten Teilnehmer. Mit dieser Steuerinformation schaltet der Master über das Bit 11 des Steuerwortes (0 = Fernbus einschalten) die weiterführende Fernbusschnittstelle des ersten Fernbusteilnehmers ein. Danach liest der Master im nächsten ID-Zyklus die ID-Codes der jetzt angeschlossenen Teilnehmer ein. Dies wird solange wiederholt, bis alle Fernbusteilnehmer eingeschaltet sind, oder der Fehler im Fernbus gefunden wurde.

Diese Methode hat den Vorteil, daß die Fernbusverbindung sofort komplett kontrolliert werden kann, ohne daß die ID-Zyklen durch die Lokalbusgeräte verlängert werden.

Nach der Überprüfung des Fernbus werden von hinten beginnend die Schnittstellen der Fernbusteilnehmer wieder geschlossen, damit die nachfolgenden Identifikationszyklen nicht unnötig lange Zeit beanspruchen wegen der eingeschalteten Fernbusteilnehmer. Anschließend wird beginnend beim ersten Fernbusteilnehmer wieder Stück für Stück der Bus in Betrieb genommen. Zusätzlich zu den weiterführenden Fernbusschnittstellen werden jetzt auch die angeschlossenen Lokalbusse eingeschaltet und überprüft. Dabei werden die Lokalbusschnittstellen nur für einen ID-Zyklus eingeschaltet, und danach wieder ausgeschaltet. Dies geschieht solange, bis der Teil des Systems eingeschaltet wird, in dem die Unterbrechung aufgetreten ist. Im vorliegenden Beispiel würde dies beim Einschalten des Lokalbus von Station Null auftreten.

Die Anschaltbaugruppe zeigt in diesem Fall durch die LB LED einen Lokalbusfehler an. In der 7-Segment-Anzeige der Anschaltbaugruppe wird eine Null für Lokalbussegment Null angezeigt.

Vor Ort zeigen die LED's UL der Lokalbusgeräte 1 bis 3 an, daß bis zu diesen Geräten keine Unterbrechung vorliegt. Die UL LED des Gerätes 4 leuchtet nicht, und zeigt damit an, daß die Verbindung zwischen Gerät 3 und 4 fehlerhaft ist, oder daß Gerät 4 ausgefallen ist. So kann der Fehlerort durch stückweises Überprüfen der Anlage gefunden, und dem Anwender an der Diagnosefrontblende angezeigt werden. Dieser ist somit in der Lage, Fehler in der Anlage schnell zu beheben.

Durch das stückweise Inbetriebnehmen des Bussystems ist INTERBUS-S im Gegensatz zu Bussystemen mit Busstrukturen in der Lage, kurzgeschlossene Datenleitungen zu diagnostizieren.

Tritt bei einer Busstruktur ein Kurzschluß der Datenleitungen auf, so kann mit keinem angeschlossenen Modul kommuniziert werden, da der Kurzschluß durch die Parallelschaltung an jedem Sender und Empfänger anliegt. Über die Datenleitungen können somit keine Informationen gesendet werden kann.

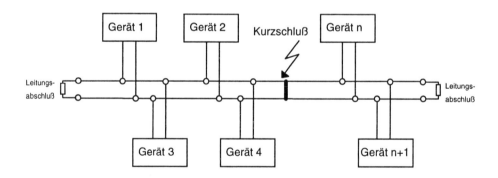

Bild 5-5: Kurzschluß der Datenleitungen bei Busstrukturen

In diesem Fall ist keine automatische Fehlersuche durch den Busmaster möglich, denn auch der Busmaster kann keine Telegramme mehr zur Diagnose absetzen. Hier kann der Kurzschluß nur durch Lösen der Busverbindungen und durch Überprüfung der einzelnen Kabelverbindungen gefunden werden.

5.3 Bestimmung des Fehlerortes

Bei INTERBUS-S stellt ein Kurzschluß der Datenleitungen vom Prinzip her eine dem Kabelbruch gleichgestellte Störung dar.

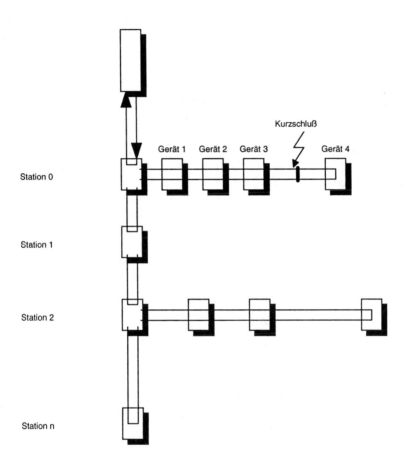

Bild 5-6: Fehlerortung im INTERBUS-S-System bei Kurzschluß der Datenleitungen und Reset des Systems

Bei Kurzschluß der Datenleitungen erfolgt ein Reset des Systems wie bei einem Kabelbruch. Die Busteilnehmer gehen in den sicheren Zustand. Die Fernbusgeräte schalten die weiterführenden Busschnittstellen aus. Die E/A-Geräte setzen die Ausgänge auf Null.

Die Anschaltbaugruppe nimmt anschließend das System wieder segmentweise in Betrieb, bis die Fehlerstelle gefunden ist. Auch hier wird wie bei der am Beispiel des Kabelbruchs beschriebenen Fehlersuche vorgegangen. So ist auch ein Kurzschluß der Datenleitungen diagnostizierbar, da nach dem Ausschalten der weiterführenden Schnittstellen durch die Fernbusteilnehmer der Kurzschluß nur noch lokal wirkt. Bis zur Kurzschlußstelle sind alle anderen Busteilnehmer betreibbar.

Einzelne Störungen, die während der Datenübertragung durch äußere Einflüsse einwirken, werden durch die INTERBUS-S-Sicherungsmechanismen gemeldet, das System wird aber nicht sofort angehalten. In der Firmware des IBS MA Boards wird eine Fehlerstatistik über die aufgetretenen Fehler geführt. Ist z. B. ein Übertragungsfehler im System aufgetreten, so werden zunächst alle Daten des aktuellen Zyklus verworfen. Danach wird ein ID-Zyklus gestartet, mit dem versucht wird, den Fehlerort zu bestimmen. Ist dieser ID-Zyklus fehlerfrei abgearbeitet worden, so wird wieder mit Datenzyklen begonnen. Der Fehlerort wird gespeichert, und kann später mit Hilfe der Diagnosesoftware ausgewertet werden.

5.4 Diagnosesoftware

Die INTERBUS-S-Anschaltbaugruppen, die auf dem IBS MA Board basieren, haben neben der INTERBUS-S-Schnittstelle eine V24-Schnittstelle implementiert. Über diese Schnittstelle können andere Geräte (z. B. Notebook PC) Daten von der Anschaltbaugruppe lesen.

Mit Hilfe eines PCs und einer Diagnosesoftware können so Diagnosedaten von der Anschaltbaugruppe gelesen werden. Hierdurch ist im INTERBUS-S-System eine vorbeugende Fehlerdiagnose möglich.

Treten einzelne Übertragungsfehler im INTERBUS-S-System auf, so führen diese nicht zwangsläufig zum Stop der Kommunikation, wenn nach Auftreten des Fehlers diese durch ID-Zyklen lokalisiert werden können, und wenn danach das System wieder einwandfrei arbeitet. Alle Informationen, die der Anschaltbaugruppe über Art und Ort des Fehlers bekannt sind, werden auf der Anschalt-

5.4 Diagnosesoftware

baugruppe gespeichert. Besonders sporadisch auftretende Fehler wie z. B. kalte Lötstellen in Bussteckern sind so lokalisierbar.

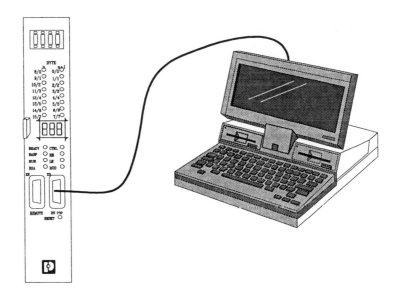

Bild 5-7: Kopplung der Diagnosesoftware an die INTERBUS-S-Anschaltbaugruppen

Diese Art der Systemdiagnose wird außerdem dazu benutzt, eine Aussage über die Qualität der Übertragungsmedien zu treffen. Die Übertragungsqualität von Kabeln, die ständig bewegt werden (z. B. Schleppkabel) läßt mit der Zeit nach. Hierdurch wird die Qualität der Datenübertragung über das Bussystem beeinflußt. In Anlagen, in denen diese Schleppkabel verwendet werden, werden von Zeit zu Zeit mit Hilfe der Diagnosesoftware die Diagnosedaten aus der Anschaltbaugruppe ausgelesen. Treten vermehrt Einzelfehler in der Nähe der Schleppkabel auf, so ist dies ein Indiz für die nachlassende Übertragungsqualität des Schleppkabels. Überschreitet die Anzahl der auftretenden Fehler eine bestimmte Grenze, so sollte das Schleppkabel gegen ein neues ausgetauscht werden. So können Maßnahmen eingeleitet werden, bevor das System ausfällt.

6 Die Realisierung eines INTERBUS-S-Interface

Jeder Gerätehersteller, der sein Gerät mit einer INTERBUS-S-Schnittstelle ausrüsten möchte, kann auf verschiedene Hard- und Softwarekomponenten zugreifen, die frei am Markt angeboten werden. Mit Hilfe dieser Komponenten ist eine schnelle und einfache Realisierung eines INTERBUS-S-Interface möglich, und die Konformität zum INTERBUS-S-Standard weitgehend garantiert.

INTERBUS-S-Masterinterfaces können mit dem IBS MA Board realisiert werden. Das IBS MA Board stellt hierfür die komplette INTERBUS-S-Funktionalität durch eine einheitliche Masterfirmware zur Verfügung. Die Kopplung an das Hostsystem geschieht über eine Speicherschnittstelle in Form eines Dual Ported oder Multi Ported RAM (DPM oder MPM).

Mit Hilfe des Slave-Protokollchips SUPI (Serielles Universelles Peripherie Interface) können beliebige Geräte mit einer INTERBUS-S-Slave-Schnittstelle ausgerüstet werden.

Der SUPI stellt dabei dem Anwender eine Schnittstelle zum zyklischen INTERBUS-S-Datentransfer in Form von 16 Multifunktionspins zur Verfügung. Mit Hilfe dieser Multifunktionspins können sowohl einfache E/A-Teilnehmer ohne zusätzlichen Mikroprozessor, als auch komplexe Teilnehmer mit Mikroprozessor an INTERBUS-S angekoppelt werden.

Der INTERBUS-S-Parameterkanal kann durch die PCP-Software realisiert werden. Die PCP-Software ist im ANSI-C Standard geschrieben, und kann durch Compilation mit einem ANSI-C-Compiler auf beliebige Mikroprozessoren portiert werden.

Für alle Komponenten steht Dokumentation zur Verfügung, die über den INTERBUS-S-Club e. V. bezogen werden kann.

Hat ein Hersteller sein Gerät mit einer INTERBUS-S-Schnittstelle ausgerüstet, so sollte die Konformität zum INTERBUS-S-Standard durch den Konformitätstest überprüft und durch das INTERBUS-S-Zertifikat belegt werden. Das INTERBUS-S-Zertifikat wird vom INTERBUS-S-Club e. V. nach dem bestandenen Konformitäts-

6 Die Realisierung eines INTERBUS-S-Interface

test vergeben. Der Gerätehersteller ist nach Erteilung des Kompatibilitätszertifikats berechtigt, eine Prüfplakette auf seinen Geräten anzubringen, und so die INTERBUS-S-Kompatibilität zu dokumentieren.

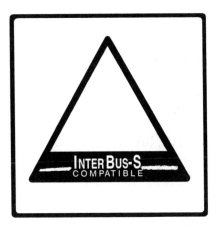

Bild 6-1: INTERBUS-S-Prüfzeichen

Durch den INTERBUS-S-Konformitätstest werden bei Slavegeräten die

- Konformität der INTERBUS-S-Schnittstelle,
- die Funktion des Gerätes am INTERBUS-S,
- die Störfestigkeit des Gerätes,
- sowie bei Bedarf die Interoperabilität

überprüft.

Der INTERBUS-S-Konformitätstest wird von einem unabhängigen, durch den INTERBUS-S-Club e. V. autorisierten, Prüflabor (z. B. IITB in Karlsruhe) durchgeführt.

Im ständig wachsenden Markt für INTERBUS-S-kompatible Geräte kommt dem INTERBUS-S-Zertifikat eine sehr starke Bedeutung zu. Nur Geräte, die die Konformität zum INTERBUS-S-Standard durch das INTERBUS-S-Zertifikat belegen können, werden auf Dauer am Markt bestehen können.

Literaturverzeichnis

Bonfig, K. W.: Feldbus-Systeme, expert Verlag, Ehningen 1992

Bender, K: Profibus, Hanser, München 1990

Rose, M.: Prozeßautomatisierung mit DIN-Meßbus und INTERBUS-S, Hüthig, Heidelberg 1993

Färber, G.: Bussysteme, Oldenbourg, München, 1987

Türke, C.: Fehlererkennung mit CRC-Codes

Blome, W.; Klinker, W.: Der Sensor/Aktorbus, verlag moderne industrie, Landsberg/Lech 1993

Güttler, F.; Bresch, H.; Patzke, R.: Übertragungssicherheit bei Feldbussen, Elektronik plus, Automatisierungspraxis 1, Franzis-Verlag GmbH & Co. KG, München 1992

Seifart, M.; Beikirch, H.; Rauchhaupt, L.: Auf dem Prüfstand, Elektronik plus, Automatisierungspraxis, Franzis-Verlag GmbH & Co. KG, München, 1993

Göddertz, J.: Profibus, Technisch-wissenschaftliche Veröffentlichung, Klöckner-Moeller GmbH, Bonn 1991

Anonym: DIN 19 258 Teil 1, 2, 3 INTERBUS-S, Sensor-/Aktornetzwerk für industrielle Steuerungssysteme, Beuth, Berlin 1994

Anonym: Installations-Handbuch, Phoenix Contact GmbH & Co., Blomberg

Anonym: Der schnelle Weg zur Sensor-/Aktorbus Geräteschnittstelle, Phoenix Contact GmbH & Co., Blomberg

Anonym: Peripherals Communication Protocol V 2.0, Phoenix Contact GmbH & Co., Blomberg

Literaturverzeichnis

Anonym: INTERBUS-S-Club e. V. Richtlinie, INTERBUS-S-Club e. V., Baden Baden

Anonym: Spezifikation der INTERBUS-S-Identifikationscodes, INTERBUS-S-Club e. V., Baden Baden

Stichwortverzeichnis

A

Abort 88, 114, 143
Abschlußwiderstand 162
Access-Protection 103
Adreßchalter 27
Adresse 16
Adresseinstellung 162
Adressierung 162
Adressierungsverfahren 27
Adreßeinstellung 41
ALI 77
Anfangskennung 16, 19
Anschaltbaugruppe 14, 160
Antivalenz 60
Antwortzeit 18
Anwendung 73
Anwendungsdienste 113
Anwendungsschicht 78
Application Layer 73
Application Layer Interface 77
Argument 116
Attribute 94
Ausdehnung 164
Ausgabedaten 39
Ausgangsinformationen 18

B

Baudraten 52
bestätigte Dienste 88
Bit-Übertragung 72
Bitübertragungszeit 66
Broadcast 90
Bündelfehler 58
Bus Delay 56
Busanschluß 168
Busaufbau 158
Buskoppler 31, 161
Busmaster 14
Busstruktur 18, 158
Bustakt 42
Buszugriffsverfahren 12
Buszyklen 15
Buszykluszeit 15

C

CK-Signal 42
Client 78, 85
Client-Server-Modell 84
CLOCK 42
Code-Octet 83
Codeteil 82
Codewort 55
Codierschalter 41
Conditional 116
Configuration-Management 75, 150
Confirmation 87, 115
Confirmed Service 88
Context Management 75, 150
Context Management-Dienste 136
Control-Signal 42
Controldaten 35
Controlinformation 20
CR-Check 45, 58, 62
CR-Signal 42
CRC 16, 58

CRC-Daten 16
CRC-Fehler 31, 39
CRC-Generator 46, 59
CRC-Phase 43
CRC-Prüfzeichen 58
CRC-Register 28
CRC-Rest 47
CRC-Sequenz 44
CSMA/CD 16
CTRL 173
CTRL-LED 173
Cyclic Redundancy
Check 16, 28, 58

D

Darstellung 73
Data In 48
Data Link Layer 73
Data Out 48
Data-Signal 42
Daten 42
Daten-Octet 82
Datenbreite 30
Datenintegrität 54
Datenklassen 68
Datenleitung 52
Datenregister 39
Datenschiebephase 44
Datensequenz 43, 44, 57
Datensicherungsinformation 16
Datensicherungsphase 28, 44
Datensicherungsverfahren ... 55, 58
Datenstrukturverzeichnis 98
Datenteil 82
Datentelegramm 49
Datentransferphase 136
Datentyp 94
Datentypen 98
Datenübernahme 28, 48

Datenunterbrechung 63
Datenunterbrechungszeit 54
Datenzyklus 39, 44
Default-Management-Verbindung
  151
DI-Leitungen 48
Diagnose 168
Diagnoseanzeige 171, 175
Diagnosedaten 170
Diagnosefrontblende 164
Diagnosekonzept 170
Diagnosesoftware 184
Dienstanforderer 78, 85
Dienste 75, 78
Diensterbringer 78, 85
Dienstparameter 115
Dienststrukturen 81
DIN 19245 22
DIN 19258 22
Distanz 164
DO-Leitungen 48

E

E/A-orientierte
Übertragungsverfahren 19
E/A-Statusanzeigen 171
Eckdaten 168
Effizienz 21
Eingangsregister 28
Endekennung 16

F

Fault Management 75
FCS 44
Fehleranzeigen 171
Fehlerbursts 58

Fehlerdiagnose 162, 164, 177
Fehlerort 31, 177, 182, 184
Fehlerstatistik 184
Feldgerät 78
Fernbus-Reset 36
Fernbus-Teilnehmer 34
Fernbussegmente 164
Fernbusstich 161
FMS 80
Frame Check Sequenz 44
Frame Count Bit 83
Frequenzabweichung 53

G

Gegenseitige Dienste 89
Generatorpolynom 58
Gerätegruppe 30
Get-OV 114, 145
Glasfaserkabel 164

H

Hamming-Distanz 55
Header 49
hybrides Übertragungsverfahren 70

I

ID-Code 30
ID-Register 30, 37
ID-Zyklus 36
Identifikationscode 30
Identifikationsregister 29, 30
Identifikationszyklus 36, 44
Identify 114, 117, 119

IDL-Bit 83
Idle-Zustand 83
IN-Daten 39
Index 98, 102
Indication 87, 115
Information Report 114, 134
Informationsoktets 49
Initialwert 59
Initiate 114, 138
Installationsfernbus 168
Interface 186
Interoperabilität 187
Invoke ID 88
Invoke-Identifikation 88
ISO/OSI-Referenzmodell 72

J

Jitterverträglichkeit 52

K

Kabelbruch 180
KBL 105
KBL-Einträge 107
KBL-Header 106
Kommunikationsbeziehung .. 89, 90
Kommunikationsbeziehungs-
liste 105
Kommunikationsobjekte . 78, 79, 94
Kommunikationsreferenz 91, 106
Kommunikationssteuerung 73
Konformitätstest 186
KR 91, 106
Kurzschluß 182
Kurzschlußstelle 184

L

Laufzeitdifferenz 52
Leitungsabschluß 160
Leitungsunterbrechung 56
Lokalbus 161, 166
Lokalbus-Reset 36
Lokalbus-Teilnehmer 34
Lokalbusgeräte 161
Lokalbussegmente 164
Loopbackwort 24, 35, 45
Loopbackwort-Check 55, 57
Loopbackwort-Fehler 46

M

Managementfunktionen 31
Mandatory 115, 116
Manufacturing Message
Specification 80
Markierbit 50
Maskierung 36
Master 28
Master-Slave-Verfahren 14, 84
Maximalkonfiguration 164
Mediumzugriff 164
MMS 80
Modulfehler 32
Multicast 90

N

Nachrichten 16
Nachrichtenorientierte
Übertragungsverfahren 16
Nachrichtenrahmen 16

Name-Length 103
Netzwerkmanagement 75
Non Return to Zero 52
NRZ-Verfahren 52
Nutzdaten 18, 21

O

Objektbeschreibungen 97
Objekte 94
Objektverzeichnis 79, 94, 96
OSI-Referenzmodell 71
OUT-Daten 39
OV 94
OV-Header 98, 102
Overheadinformation 24

P

Parallele Dienste 88
Parameterdaten 68
Parameterdatenkanal 73, 75
Paßwort 93
PCP 71, 76
PCP Dienstprimitiven 87
PCP-Software 186
PDL 77, 82
PDT 74
PDU 111, 115
Peripherals Communication
Protocol 34, 71, 76
Peripherals Data Link 77, 82
Peripherals Message Specification
 .... 75, 77, 80
Pflichtdienste 115
Phasenlage 53
Phasenverschiebung 52
Physical Layer 73

PMS 75, 77, 80
PMS-Dienste 81, 113
PNM7-Management 149
Primitiven 87
Process Data Transport 74
Program-Invocation 101, 121
Program-Invocation-
Verzeichnis 101
Protocol Data Unit 111
Protokollablauf 44
Protokolleffizienz 26
Protokollogik 51
Protokollphasen 42
Prozeßabbild 13, 18, 41
Prozeßdaten 68
Prozeßdatenkanal 73, 74
Prozeßobjekte 78, 94
Prüfplakette 187
Prüfsumme 47, 55
Prüfsummenstatus 47
Punkt-zu-Punkt-
Verbindung 16, 85

Q

Querverkehr 86
Quittung 23

R

Rahmendaten 18, 23
Rahmeninformationen 16
RC-Signal 42
Read 114, 131
Reject 114, 144
Rekonfigurationsanforderung 31
Rekonfigurationstaster 31
Repeater 169

Request 87, 115
Reset 54, 63, 114, 128
Reset-Signal 42, 63
Resetleitung 54
Response 87, 115
Result 115, 116
Resume 114, 126
Ringstruktur 85, 159

S

Schieberegister 28
Schutzmechanismen 93
Select-Signal 42
Selector 29, 39
Server 78, 85
Services 75
Signalleitungen 49
Signalwege 51
SL-Check 180
SL-Signal 42
Slave 14, 28
Softwarelaufzeit 66
Spannungsversorgung 168
Start 114, 121
Startbit 50
statische Kommunikations-
objekte 95
statisches Objektverzeichnis 99
Status 114, 117
Statustelegramm 49
Steuerdaten 35
Steuerinformation 16
Steuerregister 29
Stop 114, 124
Stopbit 50
Störfestigkeit 187
Streckensicherung 47
Subringe 164
Summenrahmenprotokoll 19, 27

SUPI 186
Symbol-Länge 107
Synchronisationsstelle 53
Synchronisierung 54
System-Management 75
Systemdiagnose 170

T

Taktgenerator 52
Taktrate 24
Teilnehmeradressen 42
Teilnehmeranzahl 168
Telegrammaufbau 16
Telegrammdaten 82
Telegramme 16
Telegrammformate 49
Telegrammlänge 49
Telegrammrahmen 19
Telegrammsegment 82
Timeout-Kontrolle 55
Topologie 161
Transport 72

U

unbestätigte Dienste 88
Unconfirmed Service 88
Unterbrechungszeit 178
Unterverzeichnisse 97

Ü

Übertragungsfehler 39, 47, 184
Übertragungsqualität 185

Übertragungsverhältnis 25
Übertragungszeit 64
Übertragungszeitkurve 66

V

Variable-Access 130
Variablenlisten-Verzeichnis 101
Verbindungsabbauphase 136
Verbindungsattribut 109
Verbindungsaufbauphase 136
Verbindungsüberwachung 54, 63
Vermittlung 72
Verwaltungsdienste 113
Verzögerungszeit 51
VFD 78
VFD Support-Dienste 117
Virtual Field Device 78
virtuelles Feldgerät 79
Voll-Duplex-Verfahren 37

W

Write 114, 133

Z

Zertifikat 186
Zugriffsberechtigung 93
Zugriffsgruppen 93
Zugriffskonflikte 16
Zugriffssicherungen 93
Zyklustypen 45
Zykluszeit 14, 15

Hüthig

Prof. Dr.-Ing. Ernst Habiger

Elektromagnetische Verträglichkeit

Grundzüge ihrer Sicherstellung in der Geräte- und Anlagentechnik

1992. XI, 200 S. Gb.
DM/sFr. 49,— öS 383,—
ISBN 3-7785-2092-X

Mit dem Vordringen elektronischer Baustein- und Gerätesysteme in Automatisierungsbereiche vergrößert sich die Problematik des elektromagnetisch verträglichen Zusammenwirkens verschiedener elektronischer Betriebsmittel.
Dieses Buch enthält:
- eine Einführung in die Problematik mit Erläuterungen zu den wichtigsten Begriffen und wirtschaftlichen Aspekten, zur Art und Intensität der zu erwartenden Störbeeinflussungen sowie zur Quantifizierung der Verträglichkeitseigenschaften bei analogen und digitalen Systemen,
- eine Darstellung der wichtigsten Beeinflussungsmechanismen auf der Grundlage leicht faßlicher Modellvorstellungen sowie der daraus ableitbaren Gegenmaßnahmen,
- Hinweise, wie Störgrößen beschrieben und gemessen, Prüfstörgrößen generiert und Verträglichkeitsprüfungen an Geräten durchgeführt werden können,
- die Beschreibung wichtiger Entstör- und Schutzkomponenten,
- eine Strategie, wie im Zuge einer Produktentwicklung bzw. einer Projektabwicklung die Aspekte der Elektromagnetischen Verträglichkeit wirtschaftlich zu verwirklichen sind.

Das Buch bietet Entwicklern, Konstrukteuren, Projektanten, Montage- und Servicefachkräften eine umfassende Einführung, die Grundlagen und Praxis beschreibt.

Hüthig Buch Verlag
Im Weiher 10
69121 Heidelberg